Eugênio Bastos Maciel

METODOLOGIA DE ENSINO DE FÍSICA: REFLEXÕES E PRÁTICAS

intersaberes

Rua Clara Vendramin, 58 . Mossunguê . CEP 81200-170 . Curitiba . PR . Brasil
Fone: (41) 2106-4170
www.intersaberes.com
editora@intersaberes.com

Conselho editorial
Dr. Alexandre Coutinho Pagliarini
Drª Elena Godoy
Dr. Neri dos Santos
Dr. Ulf Gregor Baranow

Editora-chefe
Lindsay Azambuja

Gerente editorial
Ariadne Nunes Wenger

Assistente editorial
Daniela Viroli Pereira Pinto

Edição de texto
Camila Rosa
Guilherme Conde Moura Pereira

Capa
Débora Gipiela (*design*)
Martina V e P-fotography/Shutterstock
(imagens)

Projeto gráfico
Débora Gipiela (*design*)
Maxim Gaigul/Shutterstock (imagens)

Diagramação
Débora Gipiela

Equipe de *design*
Débora Gipiela
Iná Trigo

Iconografia
Sandra Lopis da Silveira
Regina Claudia Cruz Prestes

Dados Internacionais de Catalogação na Publicação (CIP)
(Câmara Brasileira do Livro, SP, Brasil)

Maciel, Eugênio Bastos
  Metodologia de ensino de física: reflexões e práticas/Eugênio Bastos Maciel.
Curitiba: InterSaberes, 2022. (Série Física em Sala de Aula)

  Bibliografia.
  ISBN 978-85-227-0344-9

  1. Ensino – Metodologia 2. Física – Estudo e ensino 3. Prática de ensino
4. Professores – Formação I. Título. II. Série.

21-75768   CDD-530.7

Índices para catálogo sistemático:
1. Física: Estudo e ensino   530.7

Cibele Maria Dias – Bibliotecária – CRB-8/9427

1ª edição, 2022.
Foi feito o depósito legal.

Informamos que é de inteira responsabilidade do autor a emissão
de conceitos.

Nenhuma parte desta publicação poderá ser reproduzida por qualquer
meio ou forma sem a prévia autorização da Editora InterSaberes.

A violação dos direitos autorais é crime estabelecido na Lei n. 9.610/1998
e punido pelo art. 184 do Código Penal.

Sumário

Apresentação 5
Como aproveitar ao máximo este livro 7

1 Ensino de física: realidade e perspectivas 12

1.1 História do ensino no Brasil 14
1.2 Formação do professor de Física no Brasil 20
1.3 Exemplo de estrutura curricular do curso de licenciatura em Física 38
1.4 A problemática do ensino de física no Brasil 47
1.5 A importância do laboratório didático no processo de ensino-aprendizagem 52

2 Escola da Ponte e metodologias ativas 63

2.1 Escola da Ponte 65
2.2 Metodologias ativas 95

3 Ensino de eletrostática 119

3.1 Teoria da aprendizagem significativa 121
3.2 Técnicas de experimentação no ensino de física 135
3.3 Introdução ao ensino da eletrostática 142
3.4 Proposta de sequência didática 164

4 Ensino de eletrodinâmica 171

4.1 Considerações sobre a aprendizagem significativa 173
4.2 Introdução ao estudo da eletrodinâmica 185
4.3 Proposta de sequência didática 213

5 Ensino de magnetismo 219

5.1 Aproximações teóricas e práticas 221
5.2 Introdução ao estudo do magnetismo 233
5.3 Proposta de sequência didática 258

6 Ensino de física moderna 265

6.1 Aplicação do conceito de aprendizagem significativa ao ensino de física moderna 267
6.2 Introdução à física moderna 272
6.3 Proposta de sequência didática 299

Estudo de caso 304
Considerações finais 308
Referências 309
Bibliografia comentada 321
Sobre o autor 324

Apresentação

A física estuda, de maneira geral, os mais variados fenômenos da natureza. Por ter um vasto escopo de estudo e atuação, essa ciência exata divide-se em diversos campos de conhecimento, como mecânica, termologia, acústica e astrofísica. Dada a impossibilidade de abordar todos os conteúdos estudados nessa área, optamos por priorizar temas considerados importantes para o ensino de física em âmbito escolar.

Desse modo, nesta obra, abordaremos a relação entre conceitos, constructos e práxis, sempre considerando saberes físicos e pedagógicos de bases teóricas e empíricas. Inicialmente, no Capítulo 1, discorreremos sobre a problemática do ensino de física no Brasil, destacando, para tanto, itens necessários à formação do licenciado em Física e documentos legais referentes a essa disciplina. No Capítulo 2, trataremos das propostas educacionais da Escola da Ponte, em Portugal, e explicaremos noções relativas às metodologias ativas, tendo em vista a realidade do ensino no Brasil. Nos Capítulos 3, 4 e 5, daremos enfoque à aprendizagem significativa, com propostas de jogos e sequências didáticas para o ensino de eletrostática, eletrodinâmica e magnetismo, respectivamente. Por fim, no Capítulo 6, abordaremos os dois pilares da física moderna – a teoria da relatividade de Albert Einstein e a mecânica quântica – e encerraremos nossos estudos com mais uma proposta de sequência didática.

A você, estudante e pesquisador, desejamos excelentes reflexões.

Como aproveitar ao máximo este livro

Empregamos nesta obra recursos que visam enriquecer seu aprendizado, facilitar a compreensão dos conteúdos e tornar a leitura mais dinâmica. Conheça a seguir cada uma dessas ferramentas e saiba como elas estão distribuídas no decorrer deste livro para bem aproveitá-las.

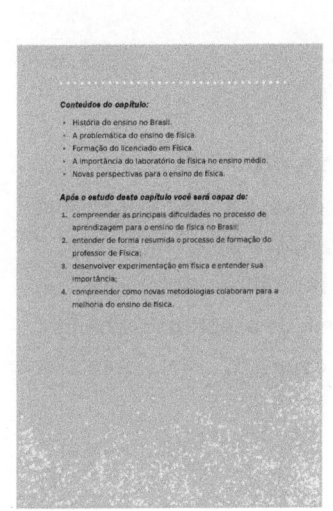

Conteúdos do capítulo
Logo na abertura do capítulo, relacionamos os conteúdos que nele serão abordados.

Após o estudo deste capítulo, você será capaz de:
Antes de iniciarmos nossa abordagem, listamos as habilidades trabalhadas no capítulo e os conhecimentos que você assimilará no decorrer do texto.

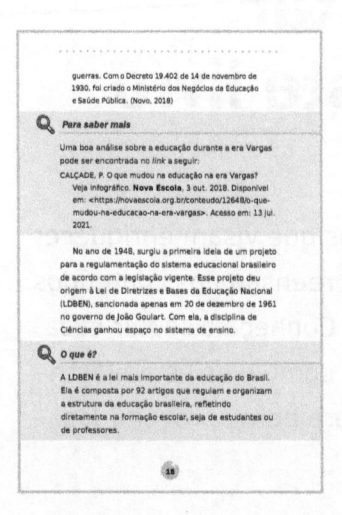

Para saber mais

Sugerimos a leitura de diferentes conteúdos digitais para que você aprofunde sua aprendizagem e siga buscando conhecimento.

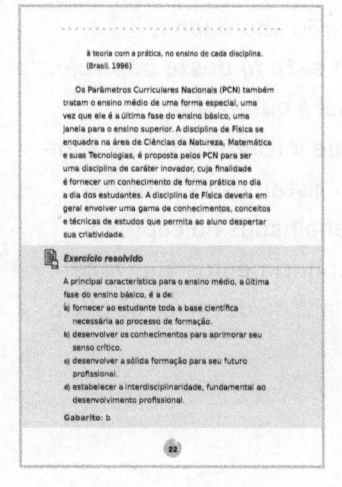

Exercício resolvido

Nesta seção, você acompanhará passo a passo a resolução de alguns problemas complexos que envolvem os assuntos trabalhados no capítulo.

Perguntas & respostas

Nesta seção, respondemos às dúvidas frequentes relacionadas aos conteúdos do capítulo.

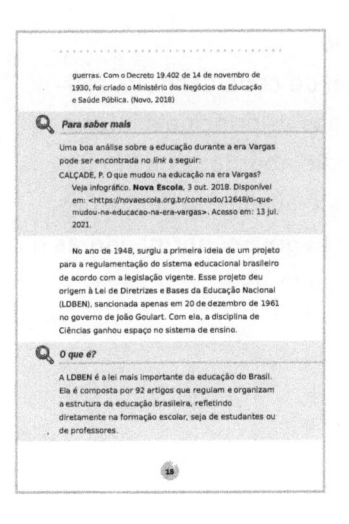

O que é?

Nesta seção, destacamos definições e conceitos elementares para a compreensão dos tópicos do capítulo.

Preste atenção!

Apresentamos informações complementares a respeito do assunto que está sendo tratado.

Síntese

Ao final de cada capítulo, relacionamos as principais informações nele abordadas a fim de que você avalie as conclusões a que chegou, confirmando-as ou redefinindo-as.

Estudo de caso

Nesta seção, relatamos situações reais ou fictícias que articulam a perspectiva teórica e o contexto prático da área de conhecimento ou do campo profissional em foco com o propósito de levá-lo a analisar tais problemáticas e a buscar soluções.

Bibliografia comentada

Nesta seção, comentamos algumas obras de referência para o estudo dos temas examinados ao longo do livro.

Ensino de física: realidade e perspectivas

1

Conteúdos do capítulo:

- História do ensino no Brasil.
- A problemática do ensino de física.
- Formação do licenciado em Física.
- A importância do laboratório de física no ensino médio.
- Novas perspectivas para o ensino de física.

Após o estudo deste capítulo você será capaz de:

1. compreender as principais dificuldades no processo de aprendizagem para o ensino de física no Brasil;
2. entender de forma resumida o processo de formação do professor de Física;
3. desenvolver experimentação em física e entender sua importância;
4. compreender como novas metodologias colaboram para a melhoria do ensino de física.

A física é uma ciência exata que procura descrever a natureza de maneira geral, envolvendo diversos ramos que auxiliam a compreensão dos mais variados fenômenos; é o caso da física mecânica, que se preocupa em descrever o movimento dos corpos e fluidos.

Desde as quantidades presentes em escala subatômica, como os *quarks* e léptons, até as maiores estruturas do Universo, como as galáxias e os aglomerados de galáxias, tudo segue as leis devidamente representadas por modelos matemáticos. Além disso, a física fornece os conceitos que são aplicados nos mais variados setores da tecnologia, como as telecomunicações e a eletrônica, impactando diretamente a vida da sociedade.

Apenas com essa pequena exposição, poderíamos concluir que a disciplina de Física deveria, *a priori*, despertar o interesse na maioria dos estudantes, tanto da educação básica quanto de ensino superior; em vez disso, no entanto, essa área é vista como complicada e de difícil compreensão. Assim, faz-se necessário o desenvolvimento de novas ideias que busquem facilitar o processo de aprendizagem no ensino de Física.

1.1 História do ensino no Brasil

A história do ensino no Brasil remonta aos jesuítas que, em meados do século XVI, mais precisamente em 1549, vieram de Portugal com o governador-geral Tomé de Souza. Eles tinham por objetivo alfabetizar e catequizar os índios, além da população mais pobre. Segundo Brejon (1998), citado por Sombra Júnior (2015), o modelo de ensino dos jesuítas era o **modus parisienses**, que se baseava em classificar os estudantes de acordo com seu nível de conhecimento. Uma vez classificados, eles eram separados em ambientes diferentes chamados de *classes*.

> O início da educação no Brasil, mais precisamente, do ensino, entendido como um processo sistematizado de transmissão de conhecimentos, é indissociável da história da Companhia de Jesus.
>
> [...] No período da exploração inicial, os esforços educacionais foram dirigidos aos indígenas, submetidos à chamada "catequese" promovida pelos jesuítas que vinham ao novo país difundir a crença cristã entre os nativos". (Novo, 2018)

O método de ensino dos jesuítas perdurou por aproximadamente duzentos anos, tendo como área predominante a de humanas, de modo que o ensino de ciências não era praticamente tratado. Até hoje o ensino no Brasil guarda algumas características desse modelo, como a divisão do ambiente de estudo em salas de aula, o ensino seriado e a especialização dos professores.

Perguntas & respostas

Você sabe quando ocorreu a primeira mudança no método de ensino no Brasil?
A primeira mudança ocorreu em 1759, quando os jesuítas foram expulsos pelo Marquês de Pombal. Esse fato acarretou grandes transformações no sistema implementado pelos jesuítas, uma vez que o Marquês defendia que o ensino deveria ficar sob responsabilidade da corte, em Portugal. Esse fato acarretou uma série de problemas, de maneira que transformou a educação no Brasil em um verdadeiro caos.

Com a chegada da família real portuguesa ao Brasil, no século XIX, o sistema educacional do país foi estruturado, alavancando o progresso do ensino. Além da fundação de instituições de ensinos técnico e superior, as ciências passaram a ser contempladas em âmbito escolar. Nesse período, também foi fundado o Colégio Pedro II, um dos mais tradicionais do Brasil.

> A fundação em 2 de Dezembro de 1837 do Colégio de Pedro II, um excelente estabelecimento de ensino secundário que servia de modelo para todas as escolas da Corte, foi um marco esperançoso na História da Educação Brasileira. O regulamento, a exemplo dos colégios franceses, introduzia os estudos simultâneos e seriados, organizados num curso regular de seis a oito anos com as seguintes disciplinas: latim, grego, francês,

inglês, gramática nacional, retórica, geografia, história, ciências físicas e naturais, matemática, música vocal e desenho. (Almeida Junior, 1979, p. 52)

Segundo Sombra Júnior (2015), desde a fundação do colégio até a década de 1920, a disciplina de Física não fazia parte da estrutura curricular, apenas uma disciplina mais voltada ao ensino de maneira geral ainda se concentrava na área das ciências humanas. Somente a partir do ano de 1930 é que surgem as primeiras mudanças consideráveis no ensino brasileiro. É claro que esse fato está totalmente ligado a questões políticas, principalmente em decorrência da revolução de 30, quando a centralização política e econômica volta a ser vigente no Brasil.

A figura central é a do então presidente Getúlio Vargas, fica a cargo dele trazer as grandes mudanças no país em âmbito geral. No seu governo ele centraliza de certa forma a educação no governo federal, diminuindo assim a autonomia dos governos estaduais. Nesse caso, a educação passa a ser regulamentada pelo governo federal.

É a partir de 1930, início da Era Vargas, que surgem
as reformas educacionais mais modernas. Assim,
na emergência do mundo urbano- industrial,
as discussões em torno das questões educacionais
começavam a ser o centro de interesse dos intelectuais.
e se aprofundaram, principalmente devido às
inquietações sociais causadas pela Primeira Guerra
e pela Revolução Russa que alertaram a sociedade para
a possibilidade de a humanidade voltar ao estado de

barbárie devido ao grau de violência observado nestas guerras. Com o Decreto 19.402 de 14 de novembro de 1930, foi criado o Ministério dos Negócios da Educação e Saúde Pública. (Novo, 2018)

Para saber mais

Uma boa análise sobre a educação durante a era Vargas pode ser encontrada no *link* a seguir:

CALÇADE, P. O que mudou na educação na era Vargas? Veja infográfico. **Nova Escola**, 3 out. 2018. Disponível em: <https://novaescola.org.br/conteudo/12648/o-que-mudou-na-educacao-na-era-vargas>. Acesso em: 13 jul. 2021.

No ano de 1948, surgiu a primeira ideia de um projeto para a regulamentação do sistema educacional brasileiro de acordo com a legislação vigente. Esse projeto deu origem à Lei de Diretrizes e Bases da Educação Nacional (LDBEN), sancionada apenas em 20 de dezembro de 1961 no governo de João Goulart. Com ela, a disciplina de Ciências ganhou espaço no sistema de ensino.

O que é?

A LDBEN é a lei mais importante da educação do Brasil. Ela é composta por 92 artigos que regulam e organizam a estrutura da educação brasileira, refletindo diretamente na formação escolar, seja de estudantes ou de professores.

No entanto, é somente no início da década de 1970 que se tem efetivamente início a um modelo de educação mais voltado para o ensino de ciências, é claro que podemos atribuir esse fato a diversas mudanças políticas e econômicas ocorridas no Brasil ao longo dos anos, como a revolução de 30 e até mesmo a própria Proclamação da República, e é claro a própria criação da LDBEN. A inclusão efetiva do ensino de ciências (aqui já podemos destacar o ensino de Física) foi incentivado principalmente pela necessidade do desenvolvimento tecnológico, o que ocorrera em outros países.

> Para atingir o nível de desenvolvimento das grandes potências ocidentais, a educação foi consagrada como "alavanca do progresso". Não bastava olhar a educação como um todo, era preciso dar especial atenção ao aprendizado das Ciências. O conhecimento científico do mundo ocidental foi colocado em cheque e ao mesmo tempo, foi dito como mola mestra do desenvolvimento, pois era capaz de achar os caminhos corretos para lá chegar e também de sanar os possíveis enganos cometidos. (Gouveia, 1992, p. 72)

A partir de então, o ensino de física começa a se consolidar no cenário nacional, escolas profissionalizantes surgem com o intuito de formar cada vez mais profissionais aptos ao mercado de trabalho principalmente no setor da indústria. Em paralelo, diversas instituições como a Universidade de São Paulo (USP) ofertam as primeiras pós-graduações em ensino de Física, enfim, consolida-se a Física no sistema educacional brasileiro.

Preste atenção!

Como vimos, foi a necessidade de novas tecnologias que alavancou o progresso do ensino de física no Brasil. Por isso, é fundamental a consciência do quão importante é o papel da física e de seu ensino para o desenvolvimento de uma sociedade.

Nesse ponto podemos fazer duas análises a respeito da Física de um modo geral. A primeira que como sendo uma ciência natural serve como alicerce para todo e qualquer desenvolvimento tecnológico de uma sociedade, e a segunda, da importância da prática de ensino para que se tenha profissionais capacitados para assim contribuírem para o desenvolvimento da sociedade.

1.2 Formação do professor de Física no Brasil

Desde a década de 1970, quando se consolida o ensino de Física no Brasil até os dias de hoje, grandes mudanças ocorreram no sistema educacional, tanto na legislação como na LDB, essas mudanças proporcionaram grandes avanços no âmbito do ensino, no entanto, muitos problemas ainda se fazem presentes em diversas áreas. Nossa atenção maior é para os problemas encontrados na prática de ensino para o ensino médio.

É o ensino médio a última etapa da educação básica, quando o aluno inicia e desenvolve os conhecimentos e se aprimora para melhor conseguir desenvolver seu senso crítico. É nele que o aluno descobre novos horizontes e novas oportunidades, em resumo é o seu primeiro contato com a "ciência". O ensino de física abordado no ensino médio está fundamentado na LDB, como vimos anteriormente, a Lei n. 9.394, de 20 de dezembro de 1996:

> Art. 35. O ensino médio, etapa final da educação básica, com duração mínima de três anos, terá como finalidades:
> I. a consolidação e o aprofundamento dos conhecimentos adquiridos no ensino fundamental, possibilitando o prosseguimento dos estudos;
> II. a preparação básica para o trabalho e a cidadania de educando, para continuar aprendendo, de modo a ser capaz de se adaptar com flexibilidade de novas condições de ocupação ou aperfeiçoamento posteriores;
> III. o aprimoramento do educando como pessoa humana, incluindo a formação ética e desenvolvimento da autonomia intelectual e do pensamento crítico;
> IV. a compreensão dos fundamentos científico-tecnológicos dos processos produtivos, relacionados à teoria com a prática, no ensino de cada disciplina.
> (Brasil, 1996)

Os Parâmetros Curriculares Nacionais (PCN) também tratam o ensino médio de uma forma especial, uma vez que ele é a última fase do ensino básico, uma janela para o ensino superior. A disciplina de Física se enquadra na área de Ciências da Natureza, Matemática e suas Tecnologias, é proposta pelos PCN para ser uma disciplina de caráter inovador, cuja finalidade é fornecer um conhecimento de forma prática no dia a dia dos estudantes. A disciplina de Física deveria em geral envolver uma gama de conhecimentos, conceitos e técnicas de estudos que permita ao aluno despertar sua criatividade.

Exercício resolvido

A principal característica para o ensino médio, a última fase do ensino básico, é a de:

a) fornecer ao estudante toda a base científica necessária ao processo de formação.
b) desenvolver os conhecimentos para aprimorar seu senso crítico.
c) desenvolver a sólida formação para seu futuro profissional.
d) estabelecer a interdisciplinaridade, fundamental ao desenvolvimento profissional.

Gabarito: b
***Feedback* do exercício**: Como vimos, é no ensino médio que o aluno desenvolve os conhecimentos e se aprimora para melhor conseguir desenvolver seu senso crítico.

Se analisarmos a história, veremos que todos os grandes avanços e descobertas tecnológicas correm em paralelo com os avanços na área de física, como o desenvolvimento da máquina a vapor, que segue de mãos dadas com a primeira Revolução Industrial. Essas informações são importantes para desenvolver no aluno o interesse pela física.

Como exposto, o estudo dessa ciência deve estar aliado a contextos e situações que os alunos vivem diariamente, de maneira que para que se tenha um resultado efetivo e positivo no ensino dessa disciplina concluímos que se faz necessário o uso da experimentação, que consta de equipamentos e instrumentos que auxiliem nas aulas, como laboratório ou oficinas de Física (a necessidade de uso de experimentos no ensino de Física será um dos pontos centrais deste capítulo), mas o que se tem na realidade é uma precariedade por parte de laboratórios, o que preocupa e de certa forma dificulta o trabalho dos professores.

São os PCN que nos fornecem uma referência para se nortear algumas competências a serem seguidas em todas as áreas de ensino: área da Ciências da Natureza, Linguagens e Códigos, Ciências Humanas e Matemática e suas Tecnologias. No que diz respeito à área de Ciências da Natureza, mais especificamente na Física, ele nos orienta no que diz respeito a investigar e compreender a linguagem dos fenômenos naturais tratados na Física, além de trazer uma conexão e contextualização histórica e social. Somente assim o Brasil terá uma educação básica de qualidade e que consiga formar pessoas críticas e conscientes.

Os PCN nos trazem discussões e abrem de certa forma os caminhos necessários para que se tenha um processo de ensino e aprendizagem para cada série, frisando os seus respectivos temas. Assim, cabe aos professores o trabalho de se adaptar aos parâmetros e em paralelo adaptar-se também à realidade de suas escolas, que em boa parte não dispõem de uma estrutura essencial para o desenvolvimento das atividades. Nesse caso, em especial para o ensino de Física, os PCN recomendam que:

> A Física deve apresentar-se, portanto, como um conjunto de competências específicas que permitam perceber e lidar com os fenômenos naturais e tecnológicos, presentes tanto no cotidiano mais imediato quanto na compreensão do universo distante, a partir de princípios, leis e modelos por ela construídos. (Brasil, 2002, p. 59)

Assim, os PCN sugerem que os conteúdos tradados em cada série sejam abordados de forma clara, objetiva e sobretudo que se torne evidente a questão da interdisciplinaridade e consequentemente contextualização dos conteúdos. Quando se tem um tema tratado em um contexto, em uma situação real ou que pode ser real, este fica mais fácil de assimilar para o aluno, compreendendo melhor. Nesse caso, eles garantem que uma abordagem interdisciplinar deve partir da necessidade das escolas, dos professores e dos alunos. De certa forma, isso se configura em um desafio para eles, uma vez que se tem a maior necessidade de explicação, compreensão e, sobretudo, intervenção em um método já estabelecido de ensino, para tornar-se uma disciplina antes isolada para uma mais atrativa e que desperte a atenção. No que diz respeito à contextualização, os PCN defendem que a motivação do aluno é um fator primordial, pois norteia o aprendizado:

> A contextualização tem muito a ver com a motivação do aluno, por dar sentido àquilo que ele aprende, fazendo com que relacione o que está sendo ensinado com sua experiência cotidiana. Através da contextualização, o aluno faz uma ponte entre teoria e a prática, o que é previsto na LDB e nos Parâmetros Curriculares Nacionais (Brasil, 1998), que definem Ciência como uma elaboração humana para a compreensão do mundo. (Lobato, 2008)

Essa motivação vem sem dúvidas da curiosidade, uma tendência natural do ser pelo desejo do saber, de conhecer as coisas para desenvolver uma melhor qualidade de vida e entender o mundo que nos cerca, não apenas do ponto de vista físico, mas sobretudo com as relações entre as mais variadas áreas do conhecimento. Essa ideia está totalmente presente na elaboração dos PCN de 2002, que tem essa consciência do que está presente na vida dos jovens estudantes e de suas necessidades. Além disso, esclarece que na escola, de maneira geral, o estudante deve interagir com um conhecimento essencialmente acadêmico, principalmente por meio de transmissão de informações, para isso o estudante deve adquirir o conhecimento acumulado.

Porém a realidade nas escolas é totalmente diferente, observava-se que de maneira geral na maioria das escolas de ensino a prática ainda é formal, conteudista e de certo modo decorativa. Ainda existe o discurso de que a disciplina é opressora, principalmente nas ciências exatas, em especial a Física, que é taxada de uma disciplina com conteúdo de difícil assimilação.

Sendo assim, não podemos desenvolver atividades dessa maneira nos dias atuais, uma vez que por meio de estudos, pesquisas e conhecimentos adquiridos ao longo desse tempo foi observado que a simples acumulação de conhecimentos, de maneira alguma, forma um cidadão crítico, autônomo e atuante, pronto para exercer seus direitos e deveres na sociedade. O conhecimento é de fundamental importância, porém a necessidade de saber aplicá-lo na prática e sobretudo no momento certo, em cada situação, é crucial.

Assim, quando aplicamos esses conhecimentos estamos tendo na verdade uma forma de avaliar a sua utilidade e sobretudo a sua eficiência no processo de prática e raciocínio, como enfatiza os PCN (2002), quando se refere ao ensino da disciplina de Física, em que a memorização de símbolos, fórmulas e nomes de substâncias não contribui para a formação de competências e habilidades desejáveis no ensino médio.

Em termos práticos, a maioria dos estudantes necessita desse intercâmbio com o seu cotidiano, somente assim eles podem fazer uma ponte com as informações. Isso trará para si uma maior facilidade no seu aprendizado em relação ao sistema baseado na educação tradicional, uma vez que esta não mostra rendimentos qualitativos. Se a aula for apenas de cunho teórico sem nenhuma forma de prática, isso acarretará em uma diminuição dos potenciais criativos e do seu desenvolvimento cognitivo. Assim, quando transmitimos conhecimento e fazemos com que o aluno aprenda, estamos de certa forma internalizando o conteúdo, o qual não sairá da cabeça desses alunos.

Nesse sentido, o objetivo do professor é ser um mediador das situações, de fornecer os caminhos e as direções ao aluno para que o seu pensamento seja estimulado. O ensino não pode mais ser idealizado de maneira automática. Devemos sempre analisar os estudantes, observar suas características, explorar seus talentos, somente assim teremos condições de trabalhar de forma mais dinâmica o pensamento a sua habilidade de resposta nas mais variadas situações, para assim praticar o conhecimento global. Quem se restringe a novos conhecimentos, de certo modo fica para traz, na busca por um lugar no mercado de trabalho, uma vez que este não quer pessoas que só desempenham uma única função, querem conhecimentos múltiplos com consciência e eficiência, ou seja, interdisciplinaridade.

É importante destacar aqui que como foi dito anteriormente os conhecimentos prévios dos alunos devem ser levados em consideração, ou seja, a sua carga de conhecimento. É esse ponto que os PCN destacam com maior ênfase, uma vez que é somente no meio social de cada individual que há efetivamente o aprendizado, principalmente em suas atividades diárias, uma vez que é através do empirismo do cotidiano que os conhecimentos são absorvidos sem a necessidade de utilizar o espaço escolar, mas com a família e em todo o contexto que lhes rodeiam.

Todo esse conhecimento não pode ser abandonado ou ignorado pelos professores, eles devem trazer para a sala de aula essas ideias e colocar em prática, no entanto a realidade é de certo modo bastante diferente da situação ideal.

Assim, concluímos que a educação desempenha um papel significativo, porém existem muitos fatores a serem evoluídos no que tange ao processo social de forma mais intrínseca, ainda há muito a ser trabalhado e as práticas de ensino devem ser revistas constantemente e analisadas, somente assim elas não sofrerão um processo de estagnação. Sabemos que existem inúmeros

problemas envolvendo a prática educacional, desde
a estrutura Física das salas de aulas e carência de laboratórios até a questão salarial do professor. No entanto,
tem-se de percorrer por caminhos estreitos, caminho que
levará a uma melhor educação.

É claro que os PCN disponibilizam muito mais competências além destas aqui citadas que podem ser desenvolvidas e trabalhadas com os alunos, fornecendo o saber
e sobretudo o desenvolvimento do senso crítico e dinâmico. Destacamos que os professores podem também se
utilizar de temas mais gerais para as problemáticas, com
o intuito de mediar os saberes do senso comum de todos
para a construção do conhecimento científico. Temas
transversais ajudam na busca do conhecimento e de
certa forma trabalham a parte do aluno como cidadão
com os temas envolvidos no seu dia a dia.

Podemos considerar que para o ensino de Física,
o problema central é a forma com a qual os temas são
tratados em sala de aula pelo professor, que na grande
maioria das escolas são trazidos de forma puramente
teórica, sem quaisquer formas de experimentação.

Associamos a este problema duas causas distintas
a saber. A primeira, a falta de incentivos por parte do
Estado (no caso das escolas públicas) que impossibilita
a construção de laboratórios e a aquisição de equipamentos, e a segunda, a formação do professor. Outro fator
que se une à segunda causa é que a maioria dos que
lecionam Física não possuem licenciatura na área, assim,

não são dotados de conhecimento técnico que forneça uma aula mais dinâmica, facilitando a compreensão do estudante sobre o tema exposto. Por isso, vamos tratar aqui a segunda causa deste problema.

Para estudarmos a formação do professor, devemos ter antes de tudo um panorama sobre os cursos de graduação que são ofertados pelas universidades. As Diretrizes Curriculares Nacionais (DCN) para os cursos de graduação tiveram a elaboração no ano de 1996, mais precisamente na Lei n 9.394/1996, durante o governo de Fernando Henrique Cardoso.

Para saber mais

Todas as DCN para os cursos de graduação podem ser acessados pelo *link* a seguir:

BRASIL. Ministério da Educação. **Diretrizes Curriculares: cursos de graduação**. Disponível em: <http://portal.mec.gov.br/component/content/article?id=12991>. Acesso em: 7 dez. 2021.

Essas diretrizes sofreram uma forte influência da ideologia política do governo que era essencialmente neoliberal. Desse modo, almejava-se uma forte interação entre as Instituições de Ensino Superior, as chamadas IES, e o mercado de trabalho. Isso de certa forma levou à formação dos estudantes a um ponto de vista mais técnico, e não reflexivo, que satisfizesse aos interesses do mercado de trabalho.

Cinco anos mais tarde, o parecer CNE/CP nº 9/2001 estabeleceu as DCN para os cursos de formação de professores de ensino básico e as licenciaturas que devem possuir um objetivo específico, conforme abordam Barcellos e Kawamura (2009). Esse fato leva a uma independência para os cursos de licenciatura em relação ao bacharelado (era comum as universidades ofertarem cursos em conjunto de licenciatura e bacharelado). Outra diferença ocorreu no próprio modelo de estrutura do curso, até então os cursos de licenciatura eram caracterizados pelo sistema "3 + 1", ou seja, para o curso de licenciatura em Física, por exemplo, deveria acontecer em quatro anos, três anos deveriam ser voltados para disciplinas de cunho técnico e um ano para as disciplinas pedagógicas.

Na nova estrutura dos cursos, estes ainda seriam realizados também em quatro anos, porém com um caráter mais interdisciplinar e com uma estrutura diferente, seria a estrutura "2 + 2" com dois anos voltados para as disciplinas com conteúdos técnicos e dois anos para as disciplinas de caráter pedagógico.

A aprovação curricular para os cursos de graduação em Física, tanto licenciatura quanto bacharelado, ocorreu por meio do Parecer CNE/CES n. 1.304, de 6 de novembro de 2001. Nesse documento, estabeleceu-se que o graduado em Física deve

> ser um profissional que, apoiado em conhecimentos sólidos e atualizados em Física, deve ser capaz de abordar e tratar problemas novos e tradicionais e deve

estar sempre preocupado em buscar novas formas do saber e do fazer científico ou tecnológico. Em todas as suas atividades a atitude de investigação deve estar sempre presente, embora associada a diferentes formas e objetivos de trabalho. (Brasil, 2001, p. 3)

Esse é o perfil geral do graduado em Física. A estrutura do curso, de acordo com esse parecer, fornece ainda quatro perfis distintos de profissionais da área – físico--pesquisador, físico-educador, físico-tecnólogo e físico--interdisciplinar. Todos são ligados ao perfil geral por meio de um núcleo básico comum, que abarcaria 50% da carga horária total do curso. Os outros 50% deveriam ser destinados a cada habilidade de acordo com o interesse do aluno; por exemplo, o bacharelado em Física para o físico-pesquisador; a licenciatura em Física para o físico-educador; o bacharelado em Física para o físico--tecnólogo; e o bacharelado ou a licenciatura em Física para o físico-interdisciplinar.

No que tange às competências, o graduado em Física deve apresentar os seguintes critérios válidos para os quatro perfis de profissionais listados:

1. Dominar princípios gerais e fundamentos da Física, estando familiarizado com suas áreas clássicas e modernas;
2. descrever e explicar fenômenos naturais, processos e equipamentos tecnológicos em termos de conceitos, teorias e princípios físicos gerais;

3. diagnosticar, formular e encaminhar a solução de problemas físicos, experimentais ou teóricos, práticos ou abstratos, fazendo uso dos instrumentos laboratoriais ou matemáticos apropriados;
4. manter atualizada sua cultura científica geral e sua cultura técnica profissional específica;
5. desenvolver uma ética de atuação profissional e a consequente responsabilidade social, compreendendo a Ciência como conhecimento histórico, desenvolvido em diferentes contextos sócio-políticos, culturais e econômicos. (Brasil, 2001, p. 4)

Muitas são as habilidades e competências que o professor de Física deve desenvolver; no entanto, essas habilidades só serão efetivamente adquiridas com a experiência, ou seja, com a vivência em sala de aula no decorrer dos anos. No que tange à legislação competente, essas habilidades são enumeradas como segue:

1. Utilizar a matemática como uma linguagem para a expressão dos fenômenos naturais;
2. resolver problemas experimentais, desde seu reconhecimento e a realização de medições, até à análise de resultados;
3. propor, elaborar e utilizar modelos físicos, reconhecendo seus domínios de validade;
4. concentrar esforços e persistir na busca de soluções para problemas de solução elaborada e demorada;

5. utilizar a linguagem científica na expressão de conceitos físicos, na descrição de procedimentos de trabalhos científicos e na divulgação de seus resultados;
6. utilizar os diversos recursos da informática, dispondo de noções de linguagem computacional;
7. conhecer e absorver novas técnicas, métodos ou uso de instrumentos, seja em medições, sejam em análise dos dados (teóricos ou experimentais);
8. reconhecer as relações do desenvolvimento da Física com outras áreas do saber, tecnologias e instâncias sociais, especialmente contemporâneas;
9. apresentar resultados científicos em distintas formas de expressão, tais como relatórios, trabalhos para publicação, seminários e palestras. (Brasil, 2001, p. 4)

Um dos pontos positivos desse parecer é o de determinar que os estudantes possuam uma sólida formação nos conceitos básicos de Física indistintamente do perfil adotado, além disso devem desenvolver as habilidades do ferramental matemático. Esse fato justifica o uso do termo "físico" para distinguir as quatro habilidades. Dessa forma, o professor de Física nada mais é do que o físico-educador.

No Parecer CNE/CES n. 1.304/2001, temos um panorama geral da formação do graduado em Física (licenciado ou bacharel) com suas respectivas competências e habilidades, além dos quatro perfis desses profissionais.

No entanto, como estamos interessados no "físico-educador", para identificarmos as dificuldades do ensino de física no Brasil, devemos compreender a legislação referente à formação desse perfil profissional em específico. Entre os princípios necessários à formação desses profissionais, destacamos:

I. a formação docente para todas as etapas e modalidades da Educação Básica como compromisso de Estado, que assegure o direito das crianças, jovens e adultos a uma educação de qualidade, mediante a equiparação de oportunidades que considere a necessidade de todos e de cada um dos estudantes;

II. a valorização da profissão docente, que inclui o reconhecimento e o fortalecimento dos saberes e práticas específicas de tal profissão;

III. a colaboração constante entre os entes federados para a consecução dos objetivos previstos na política nacional de formação de professores para a Educação Básica;

IV. a garantia de padrões de qualidade dos cursos de formação de docentes ofertados pelas instituições formadoras nas modalidades presencial e a distância;

V. a articulação entre a teoria e a prática para a formação docente, fundada nos conhecimentos científicos e didáticos, contemplando a indissociabilidade entre o ensino, a pesquisa e a extensão, visando à garantia do desenvolvimento dos estudantes;

VI. a equidade no acesso à formação inicial e continuada, contribuindo para a redução das desigualdades sociais, regionais e locais;

VII. a articulação entre a formação inicial e a formação continuada;

VIII. a formação continuada que deve ser entendida como componente essencial para a profissionalização docente, devendo integrar-se ao cotidiano da instituição educativa e considerar os diferentes saberes e a experiência docente, bem como o projeto pedagógico da instituição de Educação Básica na qual atua o docente;

IX. a compreensão dos docentes como agentes formadores de conhecimento e cultura e, como tal, da necessidade de seu acesso permanente a conhecimentos, informações, vivência e atualização cultural; e

X. a liberdade de aprender, ensinar, pesquisar e divulgar a cultura, o pensamento, a arte, o saber e o pluralismo de ideias e de concepções pedagógicas. (Brasil, 2019, p. 3)

Além disso, essa Resolução estabeleceu a carga horária para os cursos de formação de professores para a educação básica. Eles devem possuir um mínimo de 3.200 horas, a duração do curso é de quatro anos divididos em oito períodos letivos. Desse total de horas,

440 horas são voltadas para aulas práticas de laboratório e 400 horas para o estágio supervisionado e pelo menos 2.200 horas serão relativas às disciplinas teóricas em sala de aula estruturadas por três núcleos a saber:

- Núcleo de estudos de formação geral, das áreas específicas e interdisciplinares e do campo educacional, seus fundamentos e metodologias, e das diversas realidades educacionais;
- Núcleo de aprofundamento e diversificação de estudos das áreas de atuação profissional, incluindo os conteúdos específicos e pedagógicos;
- Núcleo de estudos integradores para enriquecimento curricular.

Assim, torna-se evidente a interdisciplinaridade para a nova estrutura dos cursos de formação dos licenciados.

Percebemos uma diferença nos perfis para os profissionais da educação básica entre o Parecer CNE/CES n. 1.304/2001 e a Resolução CNE/CP n. 2/2019. Nesta, a formação do professor de Física é voltada para a área pedagógica e com uma base mais interdisciplinar; naquele, o professor de Física é praticamente um bacharel em Física voltado para a educação.

> **Exercício resolvido**
>
> Entre as grandes conquistas do sistema educacional brasileiro, uma diz respeito às diretrizes que devem ser seguidas pelas instituições de ensino. Estamos falando:
> a) da Lei de Diretrizes e Bases da Educação Nacional (LDBEN).
> b) do Conselho Nacional de Educação (CNE).
> c) do Parecer CNE/CES n. 1.304/2001.
> d) da Resolução CNE/CP n. 2/2019.
>
> **Gabarito**: a
> **Feedback do exercício**: É a LDBEN que rege todo o sistema de ensino no Brasil.

É de grande importância esse conhecimento prévio a respeito da legislação por trás da formação do professor de Física, uma vez que fornece todo o aparato legal além das competências e dos objetivos que devem ser alcançados em sua formação.

1.3 Exemplo de estrutura curricular do curso de licenciatura em Física

A fim de investigar de maneira prática a formação de um licenciado em Física, faremos uma breve análise da grade curricular do curso de licenciatura em Física do Centro de Ciência e Tecnologia (CCT) da Universidade

Federal de Campina Grande (UFCG), localizado na cidade de Campina Grande no agreste da Paraíba.

As componentes curriculares do curso estão divididas em quatro núcleos de conteúdos: I) componentes curriculares obrigatórias; II) componentes curriculares complementares obrigatórias; III)atividades acadêmico-científico-culturais; IV) componentes curriculares complementares optativas.

O curso de Licenciatura em Física da UFCG tem um número mínimo de oito períodos e máximo de doze períodos. A distribuição dessas componentes por período letivo é mostrada a seguir.

Tabela 1.1 – Distribuição de componentes curriculares por período

Primeiro período	
Componente curricular	Carga horária
Álgebra Vetorial e Geometria Analítica	60h
Cálculo Diferencial e Integral I	60h
Introdução à Física	60h
Química Geral	60h
Tópicos de História e Ensino da Física	60h
Introdução à Ciência da Computação	60h
Carga horária do período	360h

(continua)

(Tabela 1.1 – continuação)

Segundo período	
Componente curricular	**Carga horária**
Álgebra Linear I	60h
Cálculo Diferencial Integral II	60h
Física Geral I	60h
Complementar Optativa	60h
Prática do Ensino da Física na Educação Básica	60h
Políticas Educacionais no Brasil	60h
Carga horária do período	**360h**
Terceiro período	
Componente curricular	**Carga horária**
Equações Diferenciais Lineares	60h
Cálculo Diferencial e Integral III	60h
Física Geral II	60h
Física Experimental I	60h
Língua Brasileira de Sinais	60h
Psicologia Educacional	60h
Carga horária do período	**360h**

(Tabela 1.1 – continuação)

Quarto período	
Componente curricular	**Carga horária**
Optativa	60h
Cálculo Avançado	60h
Física Geral III	60h
Física Experimental II	60h
Instrumentação para o Ensino da Física A	60h
Didática	60h
Carga horária do período	**360h**
Quinto período	
Componente curricular	**Carga horária**
Termodinâmica	60h
Mecânica Clássica I	60h
Física Geral IV	60h
Metodologia e Prática do Ensino da Física	60h
Projeto Educacional A	60h
Língua Portuguesa	60h
Carga horária do período	**360h**

(Tabela 1.1 – conclusão)

Sexto período	
Componente curricular	**Carga horária**
Física Moderna	60h
Laboratório de Física Moderna	60h
Eletromagnetismo I	60h
Instrumentação para o Ensino de Física B	60h
Estágio Supervisionado em Ensino da Física I	120h
Carga horária do período	**360h**
Sétimo período	
Componente curricular	**Carga horária**
Estágio Supervisionado em Ensino de Física II	135h
Projeto Educacional B	60h
Optativa	60h
Carga horária do período	**255h**
Oitavo período	
Componente curricular	**Carga horária**
Trabalho de Conclusão de Curso	60h
Estágio Supervisionado em Ensino de Física III	150h
Carga horária do período	**210h**

Fonte: Elaborado com base em UFCG, 2017.

As componentes complementares obrigatórias podem ser vistas a seguir.

Tabela 1.2 – Disciplinas complementares obrigatórias

Componente curricular	Carga horária
Língua Brasileira de Sinais	60h
Políticas Educacionais no Brasil	60h
Didática	60h
Língua Portuguesa	60h
Psicologia Educacional	60h

Fonte: Elaborado com base em UFCG, 2017.

Tabela 1.3 – Componentes profissionais obrigatórias

Componente curricular	Carga horária
Tópicos de História e Ensino da Física	60h
Prática do Ensino da Física na Educação Básica	60h
Projeto Educacional A	60h
Projeto Educacional B	60h
Instrumentação para o Ensino da Física A	60h
Instrumentação para o Ensino da Física B	60h
Metodologia e Prática do Ensino da Física	60h

Fonte: Elaborado com base em UFCG, 2017.

Tabela 1.4 – Estágio supervisionado

Componente curricular	Carga horária
Estágio Supervisionado em Ensino da Física I	120h
Estágio Supervisionado em Ensino da Física II	135h
Estágio Supervisionado em Ensino da Física III	150h
Carga horária total	**405h**

Fonte: Elaborado com base em UFCG, 2017.

Também há as componentes optativas sem e com prerrequisitos (Tabelas 1.5 e 1.6, respectivamente).

Tabela 1.5 – Componentes optativas sem prerrequisitos

Componente curricular	Carga horária
Filosofia da Educação	60h
Gestão Escolar e Trabalho Docente	60h
Prática Desportiva	60h
Psicologia da Adolescência	60h
Sociologia da Educação	60h
Língua Estrangeira (Francês)	60h
Língua Estrangeira (Inglês)	60h
Metodologia Científica	60h
Filosofia da Ciência I	60h
Ciências do Ambiente	60h
Seminários de Física	30h

Fonte: Elaborado com base em UFCG, 2017.

Tabela 1.6 – Componentes optativas com prerrequisitos

Componente curricular	Carga horária
Eletromagnetismo II	60h
Estado Sólido I	60h
Estado Sólido II	60h
Física Matemática II	60h
Instrumentação Científica	60h
Introdução à Espectroscopia	60h
Introdução à Física Nuclear	60h
Introdução à Geometria Diferencial	60h
Introdução às Equações Diferenciais Parciais	60h
Mecânica Clássica II	60h
Mecânica Estatística I	60h
Mecânica Estatística II	60h
Mecânica Quântica I	60h
Mecânica Quântica II	60h
Óptica Física	60h
Álgebra Linear II	60h
Funções de uma Variável Complexa	60h
Probabilidade e Estatística	60h
Cálculo Numérico	60h
Elementos de Astronomia e Cartografia	60h
Meteorologia Básica	60h
Circuitos Lógicos	60h
Laboratório de Circuitos Lógicos	60h

Fonte: Elaborado com base em UFCG, 2017.

Um panorama geral a respeito da carga horária total pode ser visto na Tabela 1.7.

Tabela 1.7 – Resumo das horas totais

Componente curricular	Carga horária
Componentes curriculares obrigatórias	1.980
Componentes curriculares complementares obrigatórias	465
Atividades acadêmico-científico-culturais	210
Componentes curriculares complementares optativas	180
Carga horária total	2.835

Fonte: Elaborado com base em UFCG, 2017.

Percebemos de maneira geral que, embora o curso disponibilize em todos seus períodos letivos disciplinas de caráter pedagógico, ele ainda apresenta um aspecto mais voltado para formação do "físico-educador", aquele que é "quase bacharel", mas voltado para a educação, embora também possua de forma menos abrangente um aspecto interdisciplinar. Com essa distribuição em disciplinas, podemos concluir que o curso não se enquadra no modelo "2+2", ou seja, 50% das disciplinas voltadas para o aspecto pedagógico e 50% de cunho teórico em Física.

O curso se encaixa quase perfeitamente no modelo "3 + 1", uma vez que tem apenas 30% de sua estrutura curricular voltada para disciplinas de cunho pedagógico, assim concluímos que o perfil do licenciado em Física da

UFCG está bem mais caracterizado por aquele definido no Parecer CNE/CES n. 1.304/2001.

1.4 A problemática do ensino de física no Brasil

Nas seções anteriores foi feito um breve aparato do ensino de Física no Brasil, desde a legislação até a sua formação, como foi visto na abordagem do curso de licenciatura em Física da Universidade Federal de Campina Grande.

De acordo com o Censo da Educação Básica de 2019, mais da metade dos professores de Física (54,2%) não tem formação docente adequada à disciplina.

Para saber mais

Para uma visão mais detalhada do Plano Nacional de Educação (PNE), não somente para as metas o ensino médio como também para a educação básica em geral, acesse o *site* do Observatório do PNE:

OPNE – Observatório do PNE. Disponível em: <https://www.observatoriodopne.org.br>. Acesso em: 7 dez. 2021.

Com esses dados, podemos concluir que a carência de profissionais qualificados para ministrarem a disciplina de Física para o ensino médio configura-se na principal pauta da problemática do ensino de Física no Brasil. A falta de preparo por parte dos professores é a grande responsável pelo discurso de que a Física é uma disciplina de difícil compreensão.

Um fator que poderia ser incorporado para contornar esse problema e assim tornar a disciplina mais atraente ao alunado e de certa forma mais dinâmica seria a experimentação. Por meio de aulas práticas no laboratório o aluno teria a capacidade de aplicar diretamente a teoria vista em sala de aula pelo professor e ainda o fato de haver uma concordância mútua entre essas duas faces do processo de aprendizagem.

> Pois as mudanças esperadas para o Ensino Médio se concretizam à medida que as aulas deixam de ser apenas de "quadro e giz". [...] Dizem respeito à necessidade de tomar o mundo vivencial como ponto de partida, de refletir mais detidamente sobre o sentido da experimentação e sua importância central na formação de Física. Tratam da necessidade de reconhecer e lidar com a concepção de mundo dos alunos, com seus conhecimentos prévios, com suas formas de pensar e com a natureza da resolução de problemas. (Kawamura; Hosoume, 2003, p. 25)

Mesmo sabendo que uma via de melhoria para o ensino de física no Brasil é a experimentação, outro problema surge à tona, o fato de que para equipar um laboratório elevaria o custo nas escolas, principalmente as escolas públicas. Nesse caso, cabe ao professor a tarefa de dinamizar ao máximo as suas aulas por meio de outras possibilidades, como os jogos didáticos.

Exercício resolvido

A problemática do ensino de física no Brasil será ainda um tema de muitas discussões. O problema central se resume na falta de capacitação do docente, que na maioria dos casos não possui a formação adequada para ministrar aulas mais dinâmicas. Dentre os possíveis meios que podem ser usados para atenuar esse problema podemos citar:

a) O investimento massivo na infraestrutura para a construção de novas salas de aula, possibilitando maior conforto ao aluno.

b) Uma maior oferta dos cursos de licenciatura em Física das universidades, possibilitando uma maior demanda dos profissionais da área.

c) Além da devida formação dos professores, uma forte estrutura laboratorial onde o aluno poderá realizar experiências simples e dessa forma complementar o conteúdo visto em sala de aula.

d) Mais acesso à informação, em que o aluno poderia conhecer de perto os temas mais abordados na Física atual.

Gabarito: c

***Feedback* do exercício**: A formação de profissionais qualificados, quando aliada a uma aula com experimentação, torna o processo de aprendizagem mais dinâmico levando o aluno a uma melhor compreensão do tema exposto em sala.

Outro problema que podemos destacar é a quantidade dos profissionais em si, uma vez que temos ainda um número ainda baixo de licenciados na área de Física e aptos à sala de aula. Podemos verificar esses números com os dados da tabela abaixo, que nos mostra o número de alunos matriculados no curso de Física comparado com outros cursos superiores. Esses dados foram obtidos do Instituto Nacional de Pesquisas Educacionais Anísio Teixeira (INEP).

Tabela 1.8 – Número de matrículas

Área	Matrículas 10 (Mt) - %	Habilitações × 10^3 (Mt) - %	Variação % Hb/Mt
Pedagogia	374 - 9,6	65 - 12,4	>
Engenharia	235 - 6,0	22 - 4,1	<
Computação	93 - 2,3	10 - 2,0	<
Biologia	90 - 2,3	13 - 2,5	>
Matemática	70 - 1,8	12 - 2,2	>
Química	30 - 0,7	3,6 - 0,7	=
Física e Astronomia	20 - 0,5	1,6 - 0,3	<

Mt: matrículas. Hb: habilitações.

Fonte: Sombra Júnior, 2015, p. 29.

Com os dados expostos na tabela, percebemos de maneira geral um menor percentual de estudantes matriculados nos cursos das ciências da natureza e matemática. O curso de Física e Astronomia, em especial, correspondem somente a 0,5% de todos os alunos de graduação do Brasil, vale destacar também que nesses dados estão os cursos de licenciatura e bacharelado. Com esses dados poderíamos supor que aumentar o número de ofertas para os cursos resolveria o problema, no entanto, não é apenas aumentar esse número, mas sim melhorar a qualidade dos estudantes formados (Borges, 2006, citado por Sombra Júnior, 2015).

Outro fator que poderia ajudar nesse processo de melhoria na formação de licenciados seria uma nova política pública que incentivasse na formação desses profissionais. Segundo Cachapuz et al. (2005, p. 10): "Para uma renovação no ensino de ciências precisamos não só de uma renovação epistemológica dos professores, mas que essa venha acompanhada por uma renovação didático-metodológica de suas aulas".

Preste atenção!

Como vimos, a carência de cursos de formação de professores de Física se torna ainda um desfaio a ser superado para que se tenha uma área de pesquisa plena e consolidada. De maneira geral, como foi mencionado, são muitos os esforços a serem utilizados para que se tenha efetivamente uma formação principalmente por parte do Estado, como aquisição de equipamentos para a estruturação de laboratórios.

1.5 A importância do laboratório didático no processo de ensino-aprendizagem

Todas as vezes que tratamos de disciplinas que abortam fenômenos naturais (Física) de uma maneira puramente teórica, estamos fazendo com que o aluno desenvolva apenas sua abstração, assim restringimos o estudante apenas aos recursos do quadro negro, livro didático e muitos, muitos exercícios de aplicação que na maioria das vezes o aluno sequer compreendeu a situação-problema.

Esse fato acarreta grandes consequências no processo de ensino-aprendizagem do aluno, podendo levá-lo a uma completa exaustão mental e sobretudo ao discurso de que a Física é uma disciplina sem atrativo e de difícil assimilação, conduzindo-o a uma aversão a ela. Uma vez construída essa ideia no aluno, o professor terá uma grande dificuldade em revertê-la. Para superar esse quadro, ele deve fornecer ao aluno uma visão mais ampla sobre os fenômenos naturais e sua importância em compreendê-los, para assim entender o mundo à nossa volta. Na verdade, deve levar ao aluno a ideia de que estudar física não se restringe somente à sala de aula e na resolução de exercícios, mas sim que ela está à nossa volta, em todos os momentos de nossas vidas.

A partir dessa compreensão o aluno verá a importância das ciências (Física) e se sentirá motivado a estudá-la e somente quando ele se sentir motivado é que desenvolverá a habilidade de pensar, dando origem ao processo de aprendizagem.

> Assim, se o pensamento se origina da motivação, pode-se afirmar que a interiorização da linguagem, origem do pensamento, só ocorre se houver um motivo, para que a mente se disponha a "assumir" essa tarefa. Então, se para aprender é preciso pensar, pode-se concluir que para aprender é preciso também querer – não há aprendizagem à revelia. (Gaspar, 2014, p. 178)

É de fundamental importância para o estudante traçar um paralelo entre teoria e prática, assim, perde-se a monotonia que sempre se encontra presente em sala de aula, isso não só na disciplina de Física como nas demais disciplinas de um modo geral.

Preste atenção!

Vimos que apenas quando o aluno se sente motivado é que ele adquire a capacidade de pensar e assim de refletir e de despertar o senso crítico. Dessa forma, podemos considerar a motivação como o gérmen do processo de aprendizagem.

Sendo a física uma ciência que estuda os fenômenos naturais, nada mais consistente do que no processo de ensino-aprendizagem o aluno ter contato com o fenômeno físico em questão. Esse fato propicia ao estudante uma interpretação mais clara e correta acerca da teoria vista em sala de aula, além disso, estimula a curiosidade e criatividade e ainda desenvolve no estudante uma capacidade de reflexão crítica.

Essa prática, além de tudo, poderia despertar no aluno o interesse em conhecer a ciência de maneira geral, não somente a Física, e com isso ampliaria a visão dos fenômenos que os cercam, fenômenos estes que embora em boa parte estejam muito perto de nós, como um corpo caindo de uma certa altura por exemplo, passam despercebidos. Em resumo, é no laboratório que o aluno teria a comprovação experimental e uma visão concreta do fenômeno.

> É fundamental para o aluno e o futuro professor, a vivência no laboratório, pois quando realiza um experimento, esse aluno está observando, manuseando e vendo com seus próprios olhos a ocorrência de determinado fenômeno. Consequentemente, construirá seu próprio conceito a partir da realidade concreta e não será mais uma construção mediante o "imaginar" de como poderia ser, podendo também comparar os conteúdos que lhe são propostos, com a experiência que ele próprio vivenciou. (Ferreira, 1978, p. 89)

É notório que aulas práticas no laboratório se encontrem ainda longe de ser totalmente aplicadas na maioria das escolas do Brasil, infelizmente a maioria dos professores priorizam as atividades teóricas. No que diz respeito à escola pública, ainda há outro fator, como foi mencionado determina esta carência, o fato de não haver investimento por parte do estado para a construção de laboratórios e a aquisição de equipamento que na maioria das vezes possui um alto custo.

Mesmo embora muitas instituições de ensino médio dediquem 25% da carga horária para tratar de atividade experimentais, é claro que este fato está longe ainda da realidade de todas as escolas de ensino médio. Nesse caso, cabe ao professor a tarefa de dinamizar e de certa forma realizar experimentos simples dentro da própria sala de aula a fim de minimizar as frequentes dúvidas e facilitar a compreensão dos estudantes. De acordo com Araújo e Abib (2003, p. 176),

> o uso de atividades experimentais como estratégia de ensino de Física tem sido apontado por professores e alunos como uma das maneiras mais frutíferas de se minimizar as dificuldades de se aprender e de se ensinar Física de modo significativo e consistente. Nesse sentido, no campo das investigações nessa área, pesquisadores têm apontado em literatura nacional recente a importância das atividades experimentais [...].

A partir do momento que o professor inclui em suas aulas protótipos por meio de oficinas de Física, a aula ganha todo encanto, o interesse e a curiosidade por parte dos alunos de participar e entender o que se passa. Isso de certa forma afeta até na personalidade de muitos estudantes, durante a prática, muitas vezes, a timidez desparece e a interação toma conta da turma, questionamentos surgem e a aula flui de forma suave.

A forma de avaliar as atividades experimentais é de maneira geral no formato de relatórios. Se o número de aulas experimentais (práticas) for grande o suficiente, o professor pode escolher um tema em especial, de preferência aquele que se faz mais presente no seu dia a dia e pedir a realização deste. É interessante que na carência de laboratórios o professor disponha de protótipos que exijam um baixo custo para sua produção, para isso ele deve utilizar o mínimo de material possível.

É nesse sentido que o pensamento científico vai ganhando espaço na mente dos estudantes. Com isso suas ideias vão sendo aprimoradas e suas habilidades para o manuseio dos materiais tornam-se parte do seu cotidiano. É nessa perspectiva que o professor não deve ficar esperando um investimento em laboratórios e a aquisição de materiais, pois isso pode não acontecer. Ele deve buscar alternativas como as citadas para trazer para dentro da sala de aula o laboratório.

Esse processo de criação de oficinas faz toda a diferença no processo ensino-aprendizagem, além do mais elas promovem nos estudantes:

I. O crescimento pessoal e a ampliação dos conhecimentos, pois alunos e professores mobilizaram-se para buscar e aprofundar temas científicos que, geralmente, não são debatidos em aula;

II. A ampliação da capacidade de comunicar e discutir temas da ciência, devido à troca de ideias, ao intercâmbio cultural e à interação com outras pessoas.

III. Mudanças de hábitos e atitudes, com o desenvolvimento da autoconfiança e da iniciativa, bem como a aquisição de habilidades como abstração, atenção, reflexão, análise, síntese e avaliação.

IV. Maior envolvimento e interesse e, consequentemente, maior motivação para o estudo de temas relacionados à Ciência e tecnologia.

V. O desenvolvimento da Criatividade com o amadurecimento da capacidade de avaliar o próprio trabalho e o dos outros.

VI. O exercício da criatividade conduz à apresentação de inovações dentro da área de estudo. Os alunos procuram descobrir formas originais de realizar seus trabalhos, para que sua apresentação seja interessante e atraia o público visitante.

VII. Maior politização dos participantes devido à ampliação da visão de mundo, à formação de lideranças e à tomada de decisões durante a realização dos trabalhos. (Hartmann; Zimmermann, 2007, p. 3)

É importante destacar que o uso de oficinas de Física não atrapalha de forma alguma o conteúdo teórico, indispensável ao aprendizado do aluno, ela deve ser tratada como um ferramental poderoso para a assimilação do conteúdo e sobretudo para maior interação entre os estudantes, dando outra cara à sala de aula.

Destacamos que a própria legislação recomenda o uso de atividades experimentais na forma de oficinas experimentais, é o que diz os PCN para a disciplina de Física no ensino médio. Por meio da utilização dos laboratórios, destaca-se que as aulas práticas de Ciências/Física fornecem ao estudante as condições suficientes e eficazes que por meio do uso de experimentos (oficinas) em que, nesse caso, o professor é a figura central, ele é na verdade um facilitador/motivador, sendo a base de referência sobre a qual se irá construir o conhecimento.

Os PCN sugerem ainda que as atividades experimentais possam desenvolver no aluno competências e habilidades necessárias de investigar, criticar, questionar, interpretar, trazendo-lhe um maior desenvolvimento cognitivo, fazendo com que ele observe a realidade tecnológica da sociedade atual e veja o quão importante é esse saber para o seu desenvolvimento.

É com base nessa legislação que muitas propostas estão sendo criadas para fornecer soluções que conduzam ao desenvolvimento de uma forma de educação que frize a participação plena dos alunos no processo de ensino-aprendizagem. Assim, haverá uma convergência de modo a convergir o uso de atividades experimentais, atuando em conjunto com uso das oficinas, de maneira que conhecimentos absorvidos pelos alunos durante as aulas teóricas sejam aprimorados e de certa forma mais profundos, uma vez que foi exposto tudo para o desenvolvimento de uma prática experimental, através de um modelo simples que garanta a aprendizagem de alunos privilegiando o momento.

Hoje em dia existe um programa do governo federal que vem desenvolvendo vários projetos com diferentes focos, em diversas áreas do conhecimento, dentre esses projetos, é o desenvolvimento de oficinas com materiais de baixo custo. Esse programa é o Programa Institucional de Iniciação à Docência (PIBID), que tem iniciativa da Coordenação de Aperfeiçoamento de Pessoal de Nível Superior (Capes/MEC). O objetivo central é fornecer aos estudantes de graduação, que serão os futuros professores, o desenvolvimento e a participação de experiências metodológicas, tecnológicas e práticas dos docentes com um caráter inovador. Com isso, a longo prazo podemos ter superados os problemas vistos no processo de ensino-aprendizagem.

A busca pelo saber fascina a todos, sobretudo quando se objetiva aprimorar as técnicas de ensino tão necessárias ao processo de aprendizagem. A renovação no modo de ensinar deve caminhar em paralelo com a superação das mais variadas dificuldades que estão lado a lado na vida cotidiana de professores, alunos e até mesmo os pais, uma vez que é necessária essa interação escola–casa.

A educação de uma maneira geral tem sido trabalhada de maneira equivocada, principalmente no ensino de ciências, aqui em especial o ensino de física, o que acaba prejudicando o processo de ensino e aprendizagem e fazendo com que os alunos, nessa etapa da educação básica, não obtenham um aproveitamento satisfatório de formação do conhecimento científico.

Assim, faz-se necessária uma reforma no ensino de física, uma reforma que aproxima mais o aluno da natureza em si, onde ele possa enxergar que os fenômenos naturais estão lado a lado em sua vida. Mesmo sabendo que ao longo dos anos essa disciplina tem passado por algumas transformações na educação básica, "é necessário mostrar na escola as possibilidades oferecidas pela Física e pela Ciência em geral como formas de construção de realidades sobre o mundo que nos cerca" (Pietrocola, 2005, p. 31).

A transformação no processo de ensino deve ser constante principalmente por parte do educador Freire (1979) e Santos (2010). Isso se faz necessário para que o ensino não permaneça no sistema tradicional levando o risco de tornar uma um momento tão importante para a formação do cidadão, em um momento cansativo e enfadonho. Assim, as técnicas de ensino devem ser constantemente aprimoradas.

> Quando o aluno percebe que pode estudar nas aulas, discutir e encontrar pistas e encaminhamentos para questões de sua vida e das pessoas que constituem seu grupo vivencial, quando seu dia a dia de estudos, invadido e atravessado pela vida, quando ele pode sair

da sala de aula com as mãos cheias de dados, com contribuições significativas para os problemas que só vividos "lá fora", este espaço se torna espaço de vida, a sala de aula assume um interesse peculiar para ele e para seu grupo de referência. (Masetto, 1997, p. 35)

Um grande desafio para a prática de ensino, aqui pode-se generalizar para as demais áreas, não somente a Física, é o de criar alternativas para que essa disciplina se torne mais atrativa. O uso de metodologias ativas poderia vir a ser um grande avanço na prática de ensino de Física, porém concluímos que o grande diferencial é a experimentação, somente assim o processo de aprendizagem se torna mais fácil.

Síntese

- Os jesuítas que se iniciou o ensino no Brasil, mas somente com a vinda da família real é que efetivamente o ensino ganhou notoriedade.
- Na década de 1970, expandiu-se o ensino no Brasil, com o intuito de acompanhar o desenvolvimento tecnológico.
- Está na formação do professor o maior problema encontrado para o ensino de Física no Brasil.
- A carência de professores aliada à falta de atividade experimentais destaca-se entre os problemas concernentes a má formação do professor.

- Somente aliada ao uso da experimentação é que o ensino de Física será feito de forma a dar ao aluno uma capacidade de melhor compreensão dos fenômenos naturais.
- O uso de metodologias ativas pode ajudar no processo de ensino-aprendizagem a superar as dificuldades.

Escola da Ponte e metodologias ativas

2

Conteúdos do capítulo:

- Escola da Ponte e sua proposta educacional.
- Novas perspectivas para o ensino via o método educacional da Escola da Ponte.
- Estrutura e conceitos fundamentais das metodologias ativas.
- Realidade do atual processo de ensino no Brasil.
- Perspectivas e desafios para a implementação de metodologias ativas.

Após o estudo deste capítulo você será capaz de:

1. compreender a proposta de ensino da Escola da Ponte;
2. entender o processo de formação de professores com a proposta da Escola da Ponte;
3. definir o que são metodologias ativas e suas bases;
4. compreender a importância das metodologias ativas para um novo método de ensino.

A busca pela melhoria da qualidade no processo de ensino-aprendizagem tem se tornado um desafio para os pesquisadores da área principalmente em se tratando do ensino de ciências, em particular o de física. Novas metodologias estão sendo desenvolvidas de modo a tornar esse processo mais dinâmico, interativo e interdisciplinar. Um exemplo disso é a proposta de ensino da Escola da Ponte, uma instituição de ensino básico e pública de Portugal, que busca novos desafios e paradigmas que tragam mudanças no processo de formação de professores.

Outra forma de metodologia que se encontra em evidência quanto a uma proposta de melhoria na qualidade de ensino são as conhecidas metodologias ativas. De forma resumida, essa metodologia traz uma nova forma de abordar o processo ensino-aprendizagem, em que o aluno é tido como figura ativa e de certa forma um protagonista nesse processo e o professor passa a atuar como o mediador do processo.

Neste capítulo, faremos uma abordagem sobre a proposta educacional da Escola da Ponte e metodologias ativas.

2.1 Escola da Ponte

Neste capítulo, daremos um panorama geral a respeito da proposta de ensino da Escola da Ponte, onde veremos de forma sucinta os seus fundamentos e objetivos.

É importante destacar aqui um pouco da história, somente assim teremos uma visão mais alicerçada sobre o surgimento da Escola da Ponte.

Começamos com um breve panorama a respeito de Portugal (Pacheco, 2003). Ele foi uma monarquia até o ano de 1910, depois de uma instabilidade política no ano de 1926, o exército assumiu o poder, onde foi nomeado como ministro das finanças, Antônio de Oliveira Salazar. Sob a ditadura de Salazar o país se tornou uma República de tendência fascista paralela a Itália de Mussolini.

Em 1968, Salazar sofreu um derrame e foi substituído por Marcelo Caetano, ex-ministro das Colônias, que dirigiu o país até que foi deposto no dia 25 de Abril de 1974. Com a economia de Portugal e sobretudo com o descontentamento do povo português contra o fascismo levaram em 25 de abril de 1974 a conhecida Revolução dos Cravos, em que oficiais de média patente se rebelaram e derrubaram o governo de Marcelo Caetano.

O governo passa então a ser controlado pelo Movimento das Forças Armadas e a população festeja o fim da ditadura distribuindo cravos vermelhos aos soldados rebeldes. Somente em 1974, depois de 48 anos de ditadura, Portugal passa a ter um regime democrático, surge assim as liberdades de opinião, de expressão e de imprensa dando um novo rumo, mudando a política e o social do país.

Oito anos mais tarde, Portugal abre as portas para a educação em 1986, quando foi aprovada a Lei de Bases do Sistema Educativo, em que a escolaridade básica se faz obrigatória dos seis aos quinze anos de idade. A Lei de Base do Sistema Educativo, formulada no período posterior à Revolução registra em seu artigo 2º que a educação deve ser estruturada tendo por base o "desenvolvimento pleno e harmonioso da personalidade dos indivíduos" e "a formação de cidadãos livres, responsáveis, autônomos e solidários".

Na mesma lei o artigo 3° mostra os princípios de organização do sistema educacional, que deve ter em vista "contribuir para a realização do educando através do pleno desenvolvimento da personalidade, da formação do caráter e da cidadania, assim como assegurar o respeito à diferença, mercê do respeito das personalidades e pelos projetos individuais de existência".

Para Pacheco (2004), uma das funções da educação nas escolas é a construção da noção de cidadania no aluno. A escola deve ser igual, unitária e com relações sociais estruturadas, pois o ato de educar pressupõe a existência e a partilha de projetos coletivos.

A valorização da educação escolar pressupõe o abandono de ideias radicais, como a teoria da "desescolarização" proposta por Ivan Illich, que durante algum tempo povoou o imaginário dos que participam do cotidiano escolar. Para Illich, o currículo escolar traz em evidência o fato de que a escola pública de certa forma tira proveito da "desescolarização" da sociedade. A escolaridade não promove a aprendizagem, porque os professores insistem em limitar a instrução aos diplomas. A escola fornece instrução, no entanto não fornece aprendizagem, boa parte das pessoas adquire a maior parte dos seus conhecimentos fora da escola. Ainda segundo a autor, a escola se tomou um ensino desacreditado.

Nesse meio, o pensamento de Ivan Illich nesse texto foi proposital para iniciar a apresentação da Escola da Ponte, que representa na contemporaneidade um avanço na área da educação, a partir de suas inovações, e um contraponto as ideias de Illich. A real transformação no currículo da Escola da Ponte se deu por meio da construção de um novo projeto pedagógico, que teve início em 1976. Isso aconteceu dois anos após a Revolução dos Cravos, que derrubou o regime salazarista em Portugal.

A Escola da Ponte atende através de seu currículo inovador os anseios e as necessidades de uma educação de qualidade fortalecendo o conceito de escola e consequentemente de escolarização. Na Ponte encontramos a liberdade de aprender, ensinar e pesquisar que favorecem o pluralismo de ideias e de concepções pedagógicas que está localizado em Vila das Aves, uma cidade com aproximadamente dez mil habitantes e que está a 30 km da Cidade do Porto, em Portugal.

A Escola da Ponte é uma escola da rede pública de Portugal fundada no ano de 1932 (Pacheco, 2003). Como a maioria das mudanças de melhoria que ocorrem em instituições e até mesmo em pessoas são motivadas por dificuldades, a proposta de ensino da Escola da Ponte tem seu gérmen também em dificuldades. Dentre essas dificuldades que motivaram a renovação no processo de ensino, podemos citar o isolamento da escola diante da comunidade, da individualidade e de certa forma de um isolamento dos professores dentro da escola, a exclusão escolar e social e a carência de um projeto pedagógico sólido, por fim, e talvez o mais importante e ainda bastante presente na realidade do ensino principalmente do Brasil uma metodologia centrada no professor.

Assim, surgiu a necessidade de procurar novas metodologias que de certa forma transformasse a realidade que estava posta. No ano de 1976 foi realizada uma mudança no ensino de forma abrupta que causou uma verdadeira ruptura praticamente que total no modelo tradicional de organização escolar.

Desde essa data, foi criado um projeto chamado "Projeto Fazer a Ponte", que tem sido desenvolvido numa lógica de progressiva autonomia, que se configura em um dos pilares da escola. Esse processo está fundamentado em propostas de inovações curriculares e pedagógicas, cuja essência do modelo de organização diverge de maneira drástica do modelo adotado nas escolas públicas estatais de Portugal.

O Projeto Pedagógico da Escola da Ponte pode ser considerado multifacetado, carrega em si várias tendências baseadas em diversos autores com diferentes correntes pedagógicas. Possui a característica de não aceitarem outras propostas de metodologias e modelos que não estejam em consonância com aquelas propostas da Ponte. Considera-se como pedra filosofal da proposta de ensino da ponte a validação do seu modelo de organização versátil de escola pública estatal, assim, ela garante de forma consistente uma progressiva abordagem na aprendizagem e no percurso educativo dos seus alunos.

Outra característica fundamental da escola da Ponte é que ela não segue um sistema de ensino baseado em series, como acontece aqui no Brasil e em outros países, lá os professores são chamados de orientadores educativos e não são responsáveis por uma disciplina ou por uma turma específica. É a escola que determina o recrutamento e seleção de todos os colaboradores, desde os professores até mesmo o diretor.

Os professores na Escola da Ponte são avaliados institucionalmente a cada ano para que seja verificado o seu desempenho nas atividades, aqueles que aceitam desenvolver atividades na escola devem assumir o compromisso de fazer cumprir o projeto educativo e regulamento da escola. Essa avaliação ocorre no mês de maio, todos os anos, quando o conselho da escola envia uma apreciação ao dirigente, a qual está fundamentada da constituição da equipe docente para o ano letivo subsequente.

O regulamento interno da Escola da Ponte estabelece as normas de organização que são fundamentadas nos seguintes pressupostos:

a. Os pais e encarregados de educação que escolhem a escola se comprometem a defendê-la e a promovê-la, pois estes são as fontes principais de legitimação do próprio projeto. O Regulamento Interno deve reconhecer aos seus representantes uma participação determinante nos processos de tomada de decisões;

b. Os órgãos da escola são constituídos em uma lógica pedagógica de afirmação e consolidação do projeto e não de representação corporativa de quaisquer setores ou interesses;

c. Na organização, administração e gestão da escola, os critérios científicos e pedagógicos devem prevalecer sobre qualquer critério de natureza administrativa ou outra que claramente não se compatibilize como o projeto;

d. Os alunos são responsavelmente impactados na gestão das instalações e dos recursos materiais disponíveis. Nos termos do Regulamento Interno, devem tomar decisões com impacto na organização e no desenvolvimento das atividades escolares. (Silva, 2006, p. 13)

No que tange à concordância das atividades pedagógicas da Escola da Ponte com a legislação vigente em Portugal, ela possui uma plena relação institucional de forma direta com o Ministério da Educação, bem como com as entidades que representam a sociedade através de visitas guiadas até a escola onde realiza-se discussões de modo a reforçar os mecanismos de integração para que com isso a comunidade possua conhecimento máximo sobre os procedimentos adotados na escola.

Essa relação entre a Escola da Ponte e o Ministério da Educação é estabelecida por meio de uma comissão conhecida como Comissão de Acompanhamento e Promoção da Autonomia da Escola da Ponte, que traz as seguintes competências:

a. Acompanhar o desenvolvimento do processo de autonomia da escola;
b. Monitorar o processo de autoavaliação da escola;
c. Propor a realização de quaisquer estudos especializados no âmbito da avaliação externa;
d. Apreciar e aprovar os relatórios anuais de avaliação interna do desenvolvimento do processo de autonomia da Escola. (SILVA, 2006, p. 12)

Essa comissão é constituída dos seguintes representantes: dois membros da escola um outro representante do Diretório Regional de Educação do Norte e de mais dois investigadores que são nomeados pelo Ministério da Educação.

Para saber mais

Uma visão mais detalhada sobre as principais características da escola da Ponte pode ser obtida através do link:

https://novaescola.org.br/conteudo/335/jose-pacheco-e-a-escola-da-ponte. Acesso em: 10 fev. 2021.

    Todo conhecimento só se torna totalmente assimilado quando sua prática é feita e ganha significado quando o próprio indivíduo realiza a partir de uma experiência. Essa é forma que a Escola da Ponte aplica no processo ensino-aprendizagem que é vista totalmente por uma perspectiva interdisciplinar do conhecimento. Eles se fundamentam no estímulo e na percepção dos alunos para que eles encontrem soluções de problemas, que na maioria das vezes estão lado a lado com o seu cotidiano, assim, os conceitos em estruturas cada vez mais complexas fazem com que o trabalho educativo se desenvolva a partir de um ensino individualizado e diferenciado, não deixando é claro de respeitar uma mesma base curricular para todos os alunos.

    A organização do trabalho na Escola da Ponte é voltada quase que praticamente para no aluno. A Ponte (aqui vamos simplificar a chamar apenas Ponte) desenvolve o estímulo para que cada um dos seus alunos aprenda a conhecer e a agir sobre o objeto do conhecimento de forma independente, porém com uma linha de atuação toda interdisciplinar.

Uma vez que as propostas de desenvolvimento das atividades devem estar em consonância com a forma de trabalho da escola, podemos concluir neste sentido, que o currículo é dinâmico e versátil, apresentando uma abordagem que traga o trabalho de uma maneira que haja uma reflexão permanente por parte da equipe de orientadores educativos (professores). O processo de ensino-aprendizagem de cada aluno é supervisionado cuidadosamente por um orientador educativo, que possui mais característica de um tutor que propriamente um professor.

É comum a inter-relação dos alunos em diferentes contextos sejam estes em situações formais ou informais de aprendizagem, esse fato favorece a análise e de certo modo a identificação das realidades que muitas vezes fogem daquelas práticas tradicionais de ensino. No que diz respeito ao raciocínio lógico-matemático e além de todas as competências de leitura, como a interpretação de textos, expressão e até mesmo a comunicação, há um enfoque mais acentuado, de maneira que são estes que norteiam o caminho no processo de ensino--aprendizagem do aluno da Ponte.

A Escola da Ponte é de certa forma uma escola inclusiva. A proposta de uma educação inclusiva fundamenta--se no ato de remover barreiras que atrapalhem o processo de ensino-aprendizagem. Sendo assim, para que todas as barreiras devam ser removidas, é imperioso pensar no alunado como um todo, considerando que sejam indivíduos em processo de crescimento e desenvolvimento, permitindo que eles vivam o processo de ensino-aprendizagem diferentemente.

O fato de desenvolver uma posição diante da educação inclusiva traz de certo modo uma profunda reflexão a respeito dos currículos e sobretudo da organização escolar. Dessa forma, faz-se necessária uma revisão das bases do trabalho docente por parte dos professores, de tal modo que haja uma reestruturação ou reorientação de seus papeis para atuar em um novo contexto, agora inclusivo. Essas mudanças no contexto são gerais e complexas, devem trazer mudanças não só em conhecimentos e habilidades de cunho pedagógico, como também nas atitudes e nos valores.

O uso da terminologia "inclusão" nos leva à conclusão de que essa necessidade se faz presente devido à existência de alunos que possuem necessidades especiais e déficit de aprendizagem, assim, a inclusão é na verdade uma inserção desses alunos de maneira que interajam como os demais alunos. Esse processo de certa forma acarreta uma ruptura no sistema educacional uma vez que todos os agentes envolvidos nesse processo devam se adaptar às necessidades dos alunos, uma vez que não são estes que devem se adaptar ao modelo da escola.

Quando falamos de portadores de necessidades especiais, estamos abrangendo todas as crianças e jovens que possuem necessidades que englobam desde deficiência Física até dificuldades de aprendizagem, nesse caso se enquadram também aquelas conhecidas como "superdotadas", que nada mais são do que crianças portadoras de atlas habilidades. Todas as crianças que fazem parte de uma minoria étnica ou cultural, bem como aquelas desfavorecidas ou marginais, assim como as que apresentam problemas de conduta ou de ordem emocional, também se incluem no conceito de portadora de necessidade especial.

O principal objetivo de se ter uma escola inclusiva é que todos os estudantes devem aprender juntos e que seja de uma forma independente, de modo que as dificuldades e/ou diferenças que possam ter sejam totalmente superadas.

Nesse âmbito, a Escola da Ponte considera que todos os alunos sejam em maior ou menor grau especiais. Nesse sentido, cada aluno recebe da escola o tipo de apoio que mais se enquadra com a sua necessidade. Do contrário, o método de ensino usual, onde os alunos são separados por série, nesse processo ocorre uma divisão por grupos heterogêneos e todos os alunos realizam a mesma atividade quando são reunidos em grupos de trabalho.

O papel do professor é somente o de fornecer aos estudantes o apoio adequado sem que aja discriminação, ou seja, todos os professores são também professores de todos os alunos da escola, um fato importante é que não há lugares fixos ou salas de aula na Escola da Ponte.

Nesse sentido podemos considerar que o projeto educativo para o processo de ensino-aprendizagem da Ponte fornece uma relação de parceria e de certa forma de companheirismo entre os representantes dos grupos que constituem a equipe pedagógica da escola, neste sentido os pais, os professores e os alunos constituem um todo de forma que se tenha um novo modo de reflexão e de prática.

A prática pedagógica do professor (orientador educativo) na Ponte deve ser descentralizada, ou seja, ele não deve trabalhar por base em uma perspectiva de ensino centrado em práticas tradicionais de ensino, que conduz o aluno a um conhecimento já estabelecido. Assim, consideramos o orientador educativo como na verdade um facilitador de educação, à medida que é ele o responsável por nortear o processo educativo de cada aluno e além disso apoiar os seus processos de ensino-aprendizagem.

Em parceria, os alunos da Ponte em conjunto com os orientadores educativos estão sempre em constante desenvolvimento de estratégias necessárias ao desenvolvimento do trabalho cotidiano na escola em planos de ação que são constantemente. Nesse sentido, é importante destacar que são os alunos os que possuem responsabilidade pela avaliação do próprio trabalho que desejam realizar. Dessa maneira, fica fácil verificar a evolução de cada aluno, uma vez que fica evidenciada nas dimensões do seu percurso escolar.

Percebe-se, assim, que ocorre uma verdadeira ruptura na forma de ensino tradicional. Nesse caso, a Ponte usa de alguns dispositivos que marquem esse cotidiano diferenciado da Escola da Ponte, dentre esses teremos:

- Direitos e Deveres - Reunidos em assembleia, todos os alunos decidem democraticamente o que consideram ser fundamental no convívio escolar, elaborando uma lista de direitos e deveres; Escola da Ponte e sua proposta educacional;
- Assembleia na Escola da Ponte - cada criança age como participante solidário de um projeto de preparação para a cidadania. Há cerca de vinte anos, constituíram a Assembleia, que decide e legitima a participação dos alunos na organização interna da sua escola;
- Comissão de Ajuda - Resolve os problemas mais graves que são colocados na Assembleia e é constituída por quatro alunos;
- Debate - o debate acontece diariamente e é onde se discute o que se fez durante o dia de trabalho. Esse espaço é menos formal do que a Assembleia e serve muitas vezes como preparação para a mesma;
- Biblioteca - Possui coleções temáticas, manuais, gramáticas, dicionários, jornais, revistas, roteiros e albúns;
- Caixinha de segredos - Na caixa de papelão, os alunos deixam recados, cartas e pedidos de ajuda;
- Caixinha dos textos inventados - É a caixa com os textos que os alunos redigem quando e como desejam. (Silva; Pacheco, 2011, p. 50-51)

No que diz respeito à interação entre o professor
e o aluno e além da interação entre os alunos, a Escola
da Ponte também nos traz essa mesma ideia inovadora
na forma de interação. Dentre os dispositivos que esse
encontram relacionados a esse campo destacam-se:

- Eu ja sei - os alunos trabalham cada ponto do programa. Quando consideram que dominam o assunto, escrevem o seu name, o assunto trabalhado e a data num papal que se encontra nos diferentes espaços da escola. Depois, um dos professores procure este aluno e faz uma avaliação que pode ser oral, escrita ou oral e escrita. A partir daí sempre que possível esse ponto é novamente avaliado de forma a garantir que ele realmente se encontra consolidado;
- Eu preciso de ajuda - Quando um aluno depois de consultar a biblioteca, o material informático e os colegas, percebe que ainda não conseguiu compreender de forma satisfatória um determinado assunto ele recorre ao "Eu preciso de ajuda";
- Professor Tutor - o professor tutor é responsável por acompanhar um grupo de alunos. Cada tutor se reúne com os seus tutorados duas vezes por semana;
- Grupos de responsabilidade - Todos os alunos e quase todos os orientadores educativos são responsáveis por um determinado aspecto do funcionamento da escola, como: o jardim, o refeitório, a biblioteca, jornal, jogos, murais, mapas

de presença e datas de aniversário, o correio da Ponte, entre outros;
- Leis ou Regras da Escola da Ponte - Em um cartaz afixado na parede da escola encontram-se as leis que foram anteriormente decididas em assembleia pelas crianças. Esse documento representa a vontade coletiva das chances, dos professores e dos funcionários. e um pacto social de convivência na escola. Exemplos de alguns itens:
  a. Todas as pessoas têm o direito de dizer o que pensam sem medo;
  b. Ninguém pode ser interrompido quando está falando;
  c. Não se devem arrastar as cadeiras fazendo barulho;
  d. Temos o direito de ouvir música quando trabalhamos para pensar em silêncio.
- Acho Bom e Acho Mal - No computador da escola encontram-se estes dois arquivos. Qualquer pessoa pode usar o computador para comunicar aos outros o que acha bom e o que acha mal. Exemplo de uma reclamação feita por um aluno: *"Acho mal que a Fernando fique a dar estalos na cara da Marcela"*.
- Jornal dia a dia - Com uma tiragem mensal são publicadas todas as noticias relacionadas com os temas de interesse sugeridos e desenvolvidos pelos alunos. O Jornal "Dia a dia" é uma forma de motivar as alunos para a escrita, sendo também um bom meio de comunicação entre a escola e a comunidade.

Segundo Pacheco (2004), no que diz respeito ao currículo, o que se desenvolve na Escola da Ponte é o currículo nacional de Portugal. Neste caso, independente da escola, todas as crianças do país aprendem tudo o que as outras escolas ensinam, uma vez que possuem a mesma estrutura. Contudo, para a Escola da Ponte o currículo tem o diferencial de que este é enriquecido com o que o Ministério da Educação não reconhece como fazendo parte do currículo, que a educação para a cidadania com consciência de valores sociais e morais, a educação dos afetos e que esteja de acordo com as novas tecnologias, em resumo a educação que forme um cidadão integral.

Quando se trabalha com um currículo por competências, tem-se como vantagem o fato de oferecer ao aluno não apenas o conhecimento científico, como também oferecer todas habilidades necessárias capazes de contribuir com o seu desenvolvimento e autonomia, a consequência direta desse fato é o de ajudar ao aluno a desenvolver problemas e de certa forma enfrentar e sobressair em situações da vida cotidiana. De maneira geral, essa abordagem carrega competências que trazem para o estudante situações desafiadoras. Nesse sentido, o aluno aprende a fazer "fazendo", participando de projetos e de situações que desta forma se rompe com o isolamento disciplinar, criando assim redes de conhecimento que segundo Pacheco (2004, p. 89) "o currículo deve ser entendido como um conjunto de situações e atividades que vão surgindo e que alunos e professores reelaboram conjuntamente".

Outra característica importante é que na Escola da Ponte são os alunos que, por intermédio de sua autonomia, constroem os seus próprios planos de trabalho que são quinzenais e o plano diário, no entanto, esse plano é orientado pelos professores, de acordo com o projeto e de acordo com o programa curricular oficial que é válido para todas as escolas de Portugal, por meio do Ministério da Educação.

Exercício resolvido

Observamos de forma admirável como é o método de ensino da Escola da Ponte, a interdisciplinaridade e sobretudo a independência dos alunos. Neste sentido, somos forçados a concluir que a Escola da Ponte possui um currículo independente, elaborado e fundamentado em seus objetivos de ensino, no entanto, esta afirmação não é verdadeira, o currículo da Escola da Ponte, assim como de todas as escolas de Portugal estão sob a elaboração do(a):

a) Ministério da Educação.
b) Conselho Municipal de Ensino.
c) Conselho Deliberativo de Ensino.
d) Comissão de Acompanhamento e Promoção da Autonomia da Escola da Ponte.

Gabarito: a
***Feedback* do exercício**: Como vimos anteriormente, muito embora a prática de ensino da Escola da Ponte esteja de certa forma muito diferente das demais escolas públicas de Portugal, o seu currículo é baseado no programa curricular oficial estabelecido pelo Ministério da Educação.

São os orientadores que avaliam e monitoram o desempenho de cada aluno, em relação ao cumprimento de objetivos das diferentes áreas de conhecimentos e também os objetivos que dizem respeito à atitude do aluno, pois este tem o mesmo peso daqueles. É a equipe que decide sobre a mudança de um aluno de um núcleo para outro, sempre observando os critérios.

Os alunos, na Escola da Ponte, só são retidos no final de cada ciclo; embora esse procedimento seja contrário à forma de trabalho na Ponte. No entanto, o Ministério da Educação e a estruturação do sistema de ensino português exigem que a retenção aconteça em caso de desvio no percurso da aprendizagem do aluno.

O registro de notas da Escola da Ponte diverge muito das demais escolas de Portugal, lá as notas são registradas no final do ano e não há bimestres ou trimestres. É curioso o fato de que lá as notas só são apresentadas aos pais e aos alunos se for solicitado por estes, uma vez que para a Ponte esse fato não passa de uma mera formalidade.

Existe um maciço investimento de cunho pedagógico que fazem com que os alunos ultrapassem os objetivos propostos, assim, não existe uma lógica para as chamadas recuperação de notas. Nos últimos anos, a Escola da Ponte tem realizado provas para os alunos com o formato dos exames nacionais do Ministério da Educação de certa forma para que eles não se distanciem tanto da realidade dos demais estudantes das outras escolas do país.

O currículo na Escola da Ponte, contrário das demais escolas, nada mais é do que um conjunto de conteúdos e métodos a serem aprendidos pelos alunos, é por sua vez definido como uma introdução a um modo de vida mais complexo que de certa forma traga uma contribuição na formação de sujeitos autônomos, críticos e comprometidos com a democracia e com a justiça social, mais uma vez para que seja um ser humano integral. Dessa maneira, a escola da Ponte deve ser vista como um espaço de diálogo, onde o respeito à diversidade pode ser tomado como um currículo multicultural.

> O currículo multicultural exige um contexto democrático de decisões sobre os contextos de ensino, no qual os interesses de todos sejam representados. Mas para torná-lo possível é necessária uma estrutura curricular diferente da dominante, e uma mentalidade diferente por parte dos professores, pais, alunos, administradores e agentes que confeccionam os materiais escolares. (SACRISTAN, 1995, p. 83)

Nesse sentido, podemos observar que a Escola da Ponte carrega uma verdadeira ruptura na forma de aprendizado, sobretudo pela autonomia que dá ao aluno e uma consciência mais abrangente no que diz respeito às relações sociais.

❓ O que é?

O chamado *currículo multicultural* nada mais é do que aquele currículo que deve propagar toda uma diversidade cultural que está presente em nossa sociedade, de tal forma que sua constituição seja formulada com base nas múltiplas experiências existentes nas diferentes culturas.

A ideia de um currículo multicultural está atrelada ao chamado relativismo cultural.

> Um pós-currículo, como seu próprio prefixo diz, é um currículo que pensa e age inspirado pelas teorias pós-críticas em Educação. [...] Pensa a partir de perspectivas pós-estruturalistas e pós-modernistas, pós-colonialistas e multiculturalistas [...] e com conceitos criados pelos estudos culturais e feministas, gays e lésbicos, filosofias da diferença e pedagogias da diversidade. Age, por meio de temáticas culturais [...], estudando e debatendo questões de classe e gênero, escolhas sexuais e cultura popular, nacionalidade e colonialismo, raça e etnia, religiosidade e etnocentrismo, construcionismo da linguagem e da

textualidade, força da mídia e dos artefatos culturais, ciência e ecologia, processos de significação e disputas entre discursos, políticas de identidade e da diferença, estética e disciplinaridade, comunidades e imigrações, xenofobia e integrismo, cultura juvenil e infantil, história e cultura global. É desse modo que um pós-currículo curriculariza as diversas formas contemporâneas de luta social. (Corazza, 2010, p. 103)

O planejamento diário é feito pelos alunos, o papel dos professores (os orientadores educativos) é somente de ajudá-los nas dificuldades à medida que essas dificuldades vão surgindo. Os alunos da Ponte trabalham a partir de atividades individuais, embora sempre em grupos, para que se ajudem entre si e dessa forma a interdisciplinaridade ganhe vida no ambiente de estudo. O currículo somado a metodologias próximas dos paradigmas construtivista leva ao desenvolvimento de outras competências, atitudes e objetivos que qualifica o percurso educativo dos alunos.

O currículo surge de todo tipo de aprendizagem e de ausências que os alunos obtêm enquanto estão sendo escolarizados. Nesse caso, não basta somente trabalhar os conteúdos dos documentos curriculares, pois o conhecimento não é um objeto que se manipula e se transmite para o outro passivamente. No ato de conhecer se cruzam crenças, aptidões, valores, atitudes e comportamentos porque são sujeitos reais que lhe dão significados a partir de suas vivencias. Um currículo multicultural permite ao aluno compreender melhor a mundo e a sociedade que o rodeia, possibilitando que o conhecimento escolar tenha aplicabilidade na vida cotidiana fora da escola.

De acordo com Sacristan (1995), qualquer que for a estratégia na área da educação, esta deverá apresentar quatro pontos fundamentais: primeiro a formação dos professores, segundo o planejamento do currículo, terceiro o desenvolvimento de materiais apropriados e quarto a análise crítica das práticas vigentes. O professor na Ponte não tem o monopólio do conhecimento.

Não é difícil imaginar a riqueza de um currículo que reconhece o aluno como um produtor de conhecimento capaz de se apropriar de outros que a escola venha a oferecer. O professor que exerce o papel de mediador será, contudo, deixar de ser uma fonte de informação para os alunos que lá estudam. Na Ponte, as crianças aprendem a ler naturalmente, como aprendem a falar e a escrever, e cada qual no seu próprio momento, muitas delas precisam percorrer um caminho mais longo, levando de dois a três meses, e assim adquirem autonomia na leitura e na escrita.

De acordo com Padilha (2002), a proposta freiriana na área da educação busca a autonomia escolar e a garantia dos direitos a todos os cidadãos. Defende uma participação dialógica entre educador e educando. Ou seja, o educador e o educando desenvolvem continuamente o trabalho escolar de forma que todos possam ensinar e aprender concomitantemente. Paulo Freire defendia a necessidade de se experimentar diariamente na escola a democracia, baseada numa relação horizontal e dialógica, a partir das trocas de experiências e ideias. Assim sendo, segundo Paulo Freire, se faz necessário organizar as prioridades e as ações escolares e educacionais, a fim de se construir projetos emancipadores, onde as diferenças e o multiculturalismo presente na educação e na sociedade sejam respeitados.

A proposta dos ciclos na Escola da Ponte é um conceito de aprendizagem que respeita os desenvolvimentos afetivos, sociais e cognitivos do aluno, que o considera como um agente construtor e ativo do seu conhecimento na interação com outro e com o objeto do conhecimento, além de uma proposta escolar com ênfase no trabalho coletivo. A organização da Escola Ponte em ciclos de certa forma causa uma quebra com a rigidez de notas e médias comum em escolas tradicionais e com um sistema de avaliação classificatória, de certa forma fornece uma maior interação entre os professores e alunos em torno de atividades comuns a partir de diferentes níveis de conhecimento.

Tendo como base um modelo diversificado que sofre influências de variadas correntes e pedagógicas, são as principais características da metodologia utilizada na Ponte. No domínio da educação na cidadania, criam de certa forma espaços para exercício de liberdade responsável e consciente. O campo das ciências passa por protocolos de pesquisa contínuos, em que os saberes se constroem sobre uma prática baseada em reflexão.

Nesse meio, o processo de leitura e escrita ocorre a partir de noticiários do final de semana dos alunos, em que eles desenham, depois colocam a legenda e em seguida fazem frases a partir de palavras dessa legenda. Para escrever a legenda eles recorrem às folhas das semanas anteriores. Quando não encontram a palavra, um professor escreve a palavra e a criança transcreve. Além disso, trabalham a partir de textos coletivos.

No estágio inicial da prática da leitura e da escrita existem diferentes métodos, alguns desses defendem que o início da alfabetização deve começar pela letra, pela sílaba e, finalmente, pela palavra. No entanto, o método global, pelo contrário, defende a primazia da frase ou da palavra (informação verbal). A letra é algo que não tem significado para a criança. O método global começa dando o texto para a criança. Assim, na Ponte incentivam a criança a deduzir o sentido das palavras que ela não conhece a partir das que ela conhece.

Para o ensino de Matemática eles usam o material chamado EuroColor, o qual é constituído de barras coloridas, explorando unidades, dezenas e centenas. Em algumas situações de cunho específico, eles exploram conteúdos ligados a conhecimentos gerais ou a temas circulantes do momento. O foco principal do trabalho é aquele que estimula os alunos a despertar as regras de convivência, hábito e atitudes. Existe um investimento, sobretudo, nos objetivos de Língua Portuguesa e Matemática, com um outro trabalho envolvendo as áreas ligadas ao Estudo do Meio. Os estudantes realizam várias atividades, todos de acordo com os seus Planos. Há momentos durante a semana dedicados exclusivamente para o trabalho de Educação Física e de Expressões Artísticas.

Outro fato importante na Escola da Ponte é que as tecnologias de informação e comunicação são utilizadas como um importante dispositivo pedagógico. Nos computadores, os alunos produzem texto, elaboram gráficos, desenham projetos. Na internet procuram e selecionam informação que, depois, tratam, reelaboram e comunicam aos outros alunos.

Vamos a partir de agora fazer uma análise no que diz respeito à avaliação da Escola da Ponte. Como sabemos, a maioria das escolas ainda trabalha sob a base tradicional utilizando a bem conhecida prova coma o único instrumento para avaliar os alunos. É bem comum que na maioria das vezes o aluno sabe o conteúdo, no entanto, por influência dos mais variados fatores dentre estes os aspectos emocionais e até mesmo orgânicos, não conseguem obter um bom resultado nas provas.

De maneira geral, o professor que não faz uso de uma metodologia contínua e diária de avaliação, a qual compreende vários tipos de instrumentos para avaliar o processo de ensino-aprendizagem, deixa passar desapercebidas as dúvidas e o não aprendizado de alguns alunos.

Existem ainda outras situações nas quais o educando apresenta dificuldade em um determinado conteúdo e que, futuramente, poderá prejudicar o seu desempenho, bastante comum esse fato, principalmente na disciplina de Matemática.

É importante destacar que muito frequentemente o aluno decora o conteúdo, onde deveria aprendê-lo, o único objetivo é apenas tirar notas boas nas provas. Esse fato não aconteceria se a prática de avaliação fosse pautada numa avaliação de acolhimento. Para Cipriano Luckesi (1997), acolhimento significa conhecer o alunado e assim verificar as limitações e os avanços de cada um deles.

É o sistema educacional que deveria fornecer as condições e autonomia de maneira que o professor educador realize uma prática processual de avaliação. De acordo com Luckesi (1997), a avaliação é uma apreciação qualitativa sobre dados do processo de ensino-aprendizagem que auxilia o professor a tomar decisões sobre o seu trabalho.

Esses dados dizem respeito às manifestações em que tanto o professor quanto os alunos se mostram empenhados em atingir os objetivos do ensino. A apreciação dos dados resulta em uma tomada de decisão para se definir o que fazer. Em seguida Luckesi (1997) define a avaliação da aprendizagem como um ato que deve ser realizado de forma amorosa, dessa forma, a avaliação é transformada em um ato acolhedor, integrativo e inclusivo. Para ele é o acolhimento o ponto de partida de qualquer prática de avaliação, isso implica, de certo modo, em conhecer todos os avanços e também as limitações de cada estudante. Em resumo, ele parte do princípio de que todas as pessoas têm o direito e são capazes de aprender.

A prática avaliativa tem sido uma questão muito discutida entre os educadores e os demais agentes ligados à área educacional. Por muito tempo, a avaliação na escola figurou apenas como uma consequência do ato de ensinar e aprender. Essa definia o fracasso ou o êxito escolar. A avaliação, enquanto processo, deve abranger a organização escolar como um todo: o trabalho docente, a organização do ensino e com processo de aprendizagem do aluno. Uma das questões mais controvertidas nas práticas de avaliação é a atribuição de notas na aferição do rendimento dos alunos. O termo avaliar tem sido associado a expressões como: fazer prova, fazer testes, atribuir notas, repetir ou passar de ano. Com isso, a educação é vista como mera transmissão e memorização de informações ao aluno, que nesse caso é vista como um ser passivo e receptivo. O modelo classificatório de avaliação, onde os alunos são considerados aprovados ou não aprovados, oficializa a concepção excludente da escola. (Silva, 2006, p. 46)

Segundo Perrenoud (1999), a avaliação se encontra fundamentada em duas lógicas distintas, a saber: campo da seleção e campo da aprendizagem. De acordo com ele, a avaliação está no cerne das contradições do sistema educativo. A prática avaliativa que se fundamenta em relações de poder privilegia a cultura dominante e discrimina a cultura dos menos favorecidos economicamente. É nesse sentido que ela serve como instrumento para o controle político e ideológico, garantindo e mantendo a exclusão social.

Sob a óptica pedagógica que tem como finalidade a aprendizagem do aluno, o espaço escolar é tido como um local de experiências múltiplas e variadas, onde o aluno é considerado um ser ativo e dinâmico e que participa da construção do seu próprio conhecimento e de certa forma repensar a concepção de avaliação e reconstruir as concepções de conhecimento, de ensino, de educação e de escola. Dessa forma, é imperioso pensar em um novo projeto pedagógico e em uma nova abordagem de forma a construir o conhecimento no espaço escolar. Assim, somente depois disso é que a avaliação seria vista como função diagnóstica e transformadora da realidade, a definição ideal. A avaliação contemplaria os saberes do aluno e assim reduziria apenas em atribuir notas. Dessa forma ela assumiria um sentido orientador e cooperativo, permitindo que o aluno desenvolva a sua consciência sobre seus avanços e dificuldades. Pesquisas mostraram que alunos cujas provas receberam comentários escritos dos professores conseguiram, nas avaliações seguintes, avanços mais significativos do que os alunos que não receberam nenhum comentário. O aluno deve entender a avaliação não como um castigo ou coerção, e sim como um elemento importante e necessário no processo de aprendizagem.

Na Escola da Ponte, são os alunos que decidem o que e com quem estudar, em vez de classes e grupos de estudo. Independentemente da idade, o que os une é a vontade de estar juntos e aprenderem em cooperação. Novos grupos surgem a cada projeto de estudo, depois da primeira fase chamada de "iniciação", as crianças convivem e aprendem nos mesmos espaços, sem considerar a faixa etária, mas apenas pela vontade de estar no mesmo grupo. O critério de formação dos grupos é o afetivo e o afeto não tem idade na Escola da Ponte. Dentro de cada grupo, a gestão dos tempos e espaços possibilita os momentos de trabalho em pequenos grupos, de participação no coletivo, de ensino mútuo, momentos de trabalho individual que passam sempre pelas atividades de pesquisa.

Na Escola da Ponte educar significa muito mais do que preparar alunos para fazer provas, significa ajudá-los a entenderem o mundo e a se realizarem como pessoas, muito além do tempo de escolarização.

Um dos instrumentos pedagógicos utilizados na Ponte chama-se Eu já sei, no projeto as crianças informam quando já sabem sobre um determinado conteúdo e quando já atingiram os objetivos. Quando fazem isso eles estão dizendo aos professores que já estão aptos a serem avaliados sobre aquele determinado tema.

Dessa forma, os professores avaliam o desempenho de cada aluno em relação ao cumprimento dos objetivos das diferentes áreas de conhecimento e também avaliam os objetivos e as atitudes que para eles têm o mesmo peso. No entanto, é a equipe de professores que decide sobre a mudança de uma criança ou de um adolescente, de um núcleo para outro, sempre observando os critérios antes definidos.

Com isso fechamos nosso estudo sobre a escola da Ponte. Estamos certos de que nosso conhecimento sobre a prática de ensino seja renovado e que de certa forma nos inspire sempre em buscar novas metodologias de ensino, como a que veremos a seguir.

2.2 Metodologias ativas

Com o passar dos anos observamos que a sociedade passou por grandes transformações, principalmente as transformações tecnológicas econômicas, políticas e culturais. Estas transformações mudaram drasticamente a forma de vida cotidiana das pessoas, bem como as suas relações com os outros indivíduos, principalmente no campo de trabalho e na escola. É na mudança no âmbito escolar que mais se perceberam quebras de paradigmas, uma vez que essa mudança deve acarretar toda uma transformação que vai desde a legislação até a sala de aula.

Segundo Bauman (2009), essas transformações no âmbito escolar podem ser mais bem compreendidas quando se compara as diferenças entre o estágio atual da humanidade, chamado por ele de líquido, com o estágio anterior, denominado de *sólido*. Vejamos as diferenças entre esses conceitos. O **estágio sólido** corresponde a um período em que a durabilidade era a lógica e tem como principal característica o fato que os conhecimentos adquiridos pelo sujeito forneciam base para a resolução de problemas pelo resto da vida, tendo em vista os contextos previsíveis e duráveis em que vivia.

Já o atual estágio, o **estágio líquido**, Bauman (2009) configura em uma condição social/histórica da sociedade contemporânea. Sua principal característica é a espontaneidade e incerteza, onde todos os acontecimentos possuem um caráter imprevisível com a incerteza, sendo um fator determinante. É esse sentido de inconstância, onde a educação contemporânea está alicerçada, mais precisamente a escola, com seus processos, com os sujeitos que a compõem e as suas relações entre os professores e alunos e com as práticas docentes.

> A partir dessa reflexão, é possível inferir que, em oposição às experiências pedagógicas "sólidas" e conteudistas, as atuais demandas sociais exigem do docente uma nova postura e o estabelecimento de uma nova relação entre este e o conhecimento, uma vez que cabe a ele, primordialmente, a condução desse processo. Com efeito, essas exigências implicam em novas aprendizagens, no desenvolvimento de novas competências, em alteração de concepções, ou seja,

na construção de um novo sentido ao fazer docente, imbuído das dimensões ética e política (Bassalobre, 2013). (Diesel; Baldez; Martins, 2017, p. 269)

Essas contínuas e de certa forma rápidas mudanças presentes na sociedade atual carregam em sua essência uma exigência de um novo perfil dos docentes. Nesse âmbito, surge a necessidade de reavaliar o processo de formação de professores, nesse sentido, tem-se como principal motivação a diversidade dos saberes que são essenciais à sua prática, o que de certa forma transpõe a racionalidade técnica de um fazer instrumental para uma visão que busque dar um novo significado, valorizando os saberes já construídos, com base numa postura reflexiva, investigativa e sobretudo crítica.

É nessa perspectiva que podemos impor que os conhecimentos necessários para o ensinar não se restringem ao conhecimento dos conteúdos das disciplinas. O professor sabe que para a prática de ensino o domínio do conteúdo é de fundamental importância, porém ele sabe que se configura em apenas um dos aspectos desse processo.

Dessa perspectiva, decorre ainda que a ideia para a prática docente se materializa em um movimento para tornar-se professor ou professora e é constituída de diferentes saberes superpostos de concepções históricas. No entanto, é evidente a influência do método tradicional de ensino, onde o professor é o centro do processo e sobretudo na transmissão dos conteúdos. Nesse aspecto, os estudantes mantêm uma postura unicamente passiva, onde apenas recebe e memoriza as informações numa atitude de simples reprodução.

Um dos grandes problemas que existe quando consideramos essa interação passiva entre professor e aluno é o próprio discurso dos professores e alunos. Os alunos reclamam das aulas rotineiras, enfadonhas e pouco interativas, do mesmo modo que os professores destacam a frustração pela pouca participação do estudante, bem como o desinteresse e a desvalorização em relação às aulas e até mesmo pelas estratégias criadas pelos professores para chamar atenção destes.

Um fato que nos chama atenção é que mesmo com o avanço tecnológico que fornece ao professor a capacidade de utilização de novos recursos durante as aulas, não altera esse cenário de insatisfação por parte dos estudantes, uma vez que por si só a tecnologia não garante aprendizagem, tampouco transpõe velhas práticas de ensino, além do mais como estamos vivendo na era tecnológica o aluno, independente de sala de aula, já tem acesso a essa tecnologia. É com base nesse quadro que podemos assegurar que um dos meios viáveis para mudar essa realidade repousa em trazer ao campo dos docentes professores e professoras uma reflexão sobre a sua prática pedagógica, objetivando construir um diálogo entre seus atos e suas palavras, bem como outras formas de práticas pedagógicas.

É nessa perspectiva que, segundo Berbel (2011), existe uma necessidade real de os docentes buscarem novos caminhos e buscar novas metodologias de ensino que foquem o estudante como protagonista no processo de ensino-aprendizagem, dessa forma ele se sentirá mais motivado e autônomo. As primeiras mudanças consideradas fundamentais são de escutar mais os estudantes e além de tudo valorizar suas opiniões e pontos de vista, fornecer uma maior interação de modo a tornar a empatia um fator evidente, e de maneira geral encorajá-los nos desafios.

É dentro dessas discussões e sobretudo nessa busca por metodologias que transformem a realidade de ensino que surge o método ativo, conhecido como metodologias ativas. Elas surgem como uma possibilidade de deslocamento da perspectiva do docente (ensino) para o estudante (aprendizagem), ideia corroborada por Freire (2015) ao referir-se à educação como um processo que não é realizado por outrem, ou pelo próprio sujeito, mas que se realiza na interação entre sujeitos históricos, por meio de suas palavras, ações e reflexões.

Com base nessa ideia, é possível observar que enquanto no método tradicional cuja prioridade é a transmissão de informações onde o aluno é sujeito passivo e tem como figura central o docente, no método ativo o processo é exatamente o oposto, são os estudantes que ocupam o centro das ações educativas e o conhecimento nesse método é construído de forma mais interagente e colaborativa.

Com efeito, essa mudança não é simples de ser efetivada, posto que toda metodologia de ensino e de aprendizagem parte de uma concepção de como o sujeito aprende. Dessa forma, cada um, no seu percurso formativo, quer como estudante, quer como professor ou professora, age em consonância com as concepções de educação e de aprendizagem que possui. Portanto, faz-se necessário trazê-las à reflexão como possibilidade de ressignificação da prática docente. (Diesel; Baldez; Martins, 2017, p. 271)

Segundo Abreu (2009), o método ativo está sendo amplamente divulgado em universidades tanto brasileiras quanto estrangeiras com o intuito de inserir esse referencial em sua organização metodológica, sobretudo em cursos de Ensino Superior, principalmente na área da saúde, de maneira que os futuros profissionais sejam mais autônomos e seguros. Um fato importante é o que diz respeito a seu fundamento, este não se constitui em algo puramente novo, o gérmen das chamadas metodologias ativas se encontra no século XIV, na obra "Emílio" do filósofo francês Jean-Jacques Rousseau (1712-1778), considerado como o primeiro tratado sobre filosofia e educação do mundo ocidental.

Um fato que merece destaque é que, para que haja a construção metodológica da Escola Nova, a atividade e o interesse do aprendiz são temas centrais, e não os do professor. Esse fato, segundo Dewey (1978), por meio de sua obra *Vida e educação*, mostra que a aprendizagem ocorre por meio da ação, considerando o estudante como figura central no processo de ensino-aprendizagem.

Exemplificando

Um fato curioso realmente nos chama atenção quando se trata de metodologias ativas, somos tentados a considerá-la como uma teoria "nova" e contemporânea adaptada à nova realidade social, porém estamos enganados, como vimos foi no século XIV que surgiu a primeira ideia com o trabalho do filósofo francês Jean-Jacques Rousseau (1712-1778).

A figura a seguir nos mostra de forma clara e interativa essência das metodologias ativas.

Figura 2.1 – Processos que definem as metodologias ativas

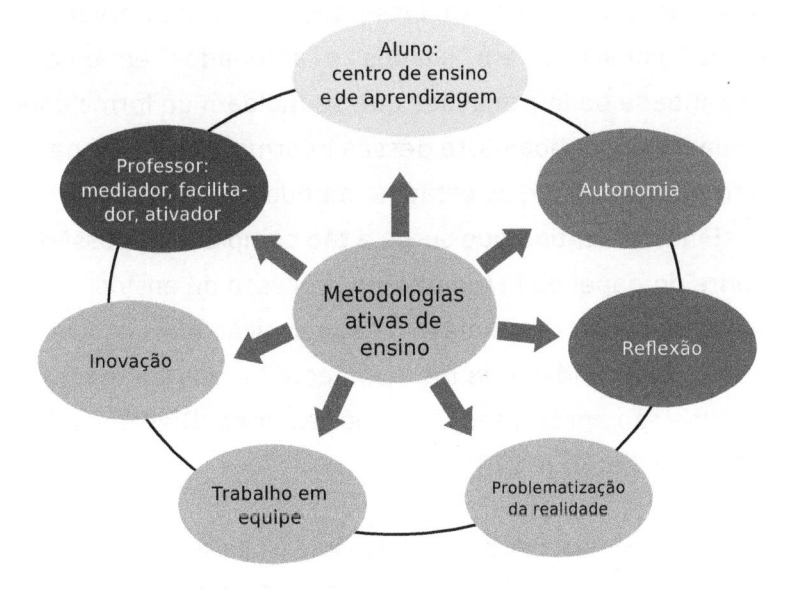

No esquema observamos no centro as metodologias ativas e cada seta indica as suas características que a definem. Merecem destaque nessa análise a figura do aluno e do professor, que estão em concordância com o que foi definido anteriormente, o aluno como figura central no processo de ensino-aprendizagem e o professor apenas como um facilitador.

Foram as mudanças sociais principalmente alicerçadas pelo desenvolvimento tecnológico responsáveis por trazer à tona um novo modelo para o sistema educacional, sistema este que deve estar em consonância com tal realidade. Realidade esta que nos mostra que os estudantes não estão mais restritos a um mesmo lugar, por meio da internet eles estão totalmente conectados com o mundo. Dessa maneira, eles podem ser considerados como "globais", vivem "ligados" e "antenados" em uma quantidade de informações que se moldam de forma contínua. Por isso, boa parte dessas informações diz respeito à forma de como eles estão no mundo.

É nesse sentido que surge a tão complexa discussão sobre do papel do estudante no processo de ensino-aprendizagem, com ênfase na sua posição mais central e menos secundária de mero expectador dos conteúdos que lhe são apresentados. Como resumem Diesel, Baldez e Martins (2017, p. 273):

> Nessa perspectiva de entendimento é que se situa as metodologias ativas como uma possibilidade de ativar o aprendizado dos estudantes, colocando-os

no centro do processo, em contraponto à posição de expectador, conforme descrito anteriormente. Ao contrário do método tradicional, que primeiro apresenta a teoria e dela parte, o método ativo busca a prática e dela parte para a teoria (Abreu, 2009). Nesse percurso, há uma "migração do *ensinar* para o *aprender*, o desvio do foco do docente para o aluno, que assume a corresponsabilidade pelo seu aprendizado" (Souza; Iglesias; Pazin-Filho, 2014, p. 285).

É apenas quando o aluno ganha espaço no ambiente escolar e a partir desse espaço que ele desenvolve uma maior interação no processo de construção do próprio conhecimento e que as metodologias ativas se evidenciam, assim, o aluno, conforme explicitado anteriormente, é o artífice da construção do próprio saber e, nesse caso, passa a ter mais controle e participação efetiva na sala de aula, uma vez que é exigido dele certas ações e construções mentais das mais variadas formas, tais como leitura, pesquisa, observação, imaginação, obtenção e organização dos dados, elaboração e experimentação de suas hipóteses, interpretação, crítica, busca de suposições, construção de sínteses e aplicação de fatos e princípios a novas situações, planejamento de projetos e pesquisas, análise e tomadas de decisões dentre outros.

Exercício resolvido

Com as modificações que ocorrem na sociedade por meio de vários fatores como os econômicos, os tecnológicos e até certo ponto os políticos, o processo de ensino de certa forma é afetado. Nesse meio, surge um novo método de ensino com a finalidade de acompanhar essas modificações o chamado método ativo, de todas as características desse método a que é considerada essencial é:

a) formar profissionais capacitados e aptos para o mercado de trabalho.

b) colocar o professor como figura central e ativa no processo de ensino.

c) ter como figura central o aluno que agora é considerado ativo, diferente do processo tradicional.

d) fomentar as instituições de ensino, tornando-as autônomas e com melhor capacidade de formar novos profissionais.

Gabarito: c

Feedback **do exercício**: Observamos que a principal característica das chamadas metodologias ativas consiste em colocar o aluno no papel principal, como um ser ativo do processo contrário do ensino tradicional, onde era tido como ser passivo.

Comparando essas práticas com as práticas de ensino tradicional, fundamentado apenas transmissão de conteúdos, observa-se o estudante como uma figura passiva, diante dos processos de ensino e de aprendizagem, assim, ele só recebe e absorve uma quantidade enorme de informações apresentadas pelo docente que na maioria das vezes sequer compreende de maneira geral.

É bastante comum, isto na maioria dos casos, não haver de certo modo o espaço para o estudante explicitar e posicionar-se de forma crítica, do contrário quando entra em cena o método ativo, ocorre o oposto, uma vez que ele desenvolve métodos pedagógicos onde ele próprio é a figura central, uma figura ativa.

> O engajamento do aluno em relação a novas aprendizagens, pela compreensão, pela escolha e pelo interesse, é condição essencial para ampliar suas possibilidades de exercitar a liberdade e a autonomia na tomada de decisões em diferentes momentos do processo que vivencia, preparando-se para o exercício profissional futuro. (Berbel, 2011, p. 29)

Segundo Freire (2015), que traz abordagens para o processo de ensino-aprendizagem de uma forma paralela, aquela abordagem que se fundamenta o método ativo, um dos grandes problemas ou senão o maior problema a ser enfrentado hoje para a implementação do método ativo é o fato de que os alunos praticamente não são estimulados a pensarem autonomamente, ou seja, de forma independente, no intuito de mitigar esses efeitos e colaborar com a prática do método ativo, assim, o docente deve:

assegurar um ambiente dentro do qual os alunos possam reconhecer e refletir sobre suas próprias ideias; aceitar que outras pessoas expressem pontos de vista diferentes dos seus, mas igualmente válidos, e possam avaliar a utilidade dessas ideias em comparação com as teorias apresentadas pelo professor. (Jófili, 2002, p. 196)

A forma como o professor alimenta a prática do método ativo deve estar fundamentada em uma postura que forneça ao estudante a liberdade necessária para ganhar a sua autonomia, isso acontece quando ele:

a. nutre os recursos motivacionais internos (interesses pessoais);
b. oferece explicações racionais para o estudo de determinado conteúdo ou para a realização de determinada atividade;
c. usa de linguagem informacional, não controladora;
d. é paciente com o ritmo de aprendizagem dos alunos;
e. reconhece e aceita as expressões de sentimentos negativos dos alunos. (Berbel, 2011, p. 28)

Podemos concluir nesse caso que as metodologias ativas, uma vez fundamentadas como o alicerce para o planejamento de situações de aprendizagem, irão fornecer uma grande contribuição e de forma significativa para o desenvolvimento da autonomia, autocrítica e motivação por parte do estudante, ao mesmo tempo que contribui para o sentimento de elemento ativo, tendo em vista que a teorização deixa de ser o ponto de partida e passa a ser o ponto de chegada, uma vez que são inúmeros os caminhos e as possibilidades para os quais a realidade social do sujeito emana.

Vamos direcionar a partir de agora uma análise para o papel do professor no método ativo. Segundo Freire (2015), a prática educativa possui papel fundamental não somente na formação acadêmica, mas sim na própria formação de ser humano, uma vez que sua essência formadora parte de uma prática especificamente humana (professores salvam vidas). Nesse aspecto, a prática docente que essencialmente é uma prática de cunho ético, configura-se em uma prática cuja pedra filosofal é a humanidade, por meio de um dinâmico e incessante processo de interação.

> Percebe-se, assim, a importância do papel do educador, o mérito da paz com que viva a certeza de que faz parte de sua tarefa docente não apenas ensinar os conteúdos, mas também ensinar a pensar certo. Daí a impossibilidade de vir a tornar-se um professor crítico se, mecanicamente memorizador, é muito mais um repetidor de frases e de ideias inertes do que um desafiador. (Freire, 2015, p. 29)

Esse fato de certa forma nos traz uma reflexão profunda sobre a prática de ensino, tendo por base na citação, a arte de ensinar além da transmissão de conteúdos (ou facilitador no método ativo) deve também ser o de fazer o aluno um ser pensante, ou seja, deve também ensinar o aluno a pensar e essa tarefa de certo modo não é tão simples, uma vez que deve transformar o aluno não em um ser pensante de forma passiva, mas sim ativa, ele deve ensinar a pensar e o pensar não significa transmitir a um outro os questionamentos de forma passiva, pelo contrário, este deve provocar desafiar ou ainda promover as condições de construir, refletir, compreender, sem perder de vista o respeito, a autonomia e a dignidade daquele que recebe o conhecimento. É nesse sentido que deve estar alicerçada a figura do professor e é essa a maneira que trabalha o método ativo.

Para reforçar o papel do docente com base nessa perspectiva, Morán (2015) descreve o professor no método ativo como uma espécie de curador e orientador:

> Curador, que escolhe o que é relevante entre tanta informação disponível e ajuda a que os alunos encontrem sentido no mosaico de materiais e atividades disponíveis. Curador, no sentido também de cuidador: ele cuida de cada um, dá apoio, acolhe, estimula, valoriza, orienta e inspira. Orienta a classe, os grupos e cada aluno. Ele tem que ser competente intelectualmente, afetivamente e gerencialmente (gestor de aprendizagens múltiplas e complexas). Isso exige profissionais melhor preparados, remunerados, valorizados. Infelizmente não é o que acontece na maioria das instituições educacionais.
> (Morán, 2015, p. 24)

Em uma abordagem onde estejamos trabalhando em um contexto de ensino com o uso de metodologias ativas, o educador, antes de mais nada deve possuir outra característica, a de assumir uma postura investigativa de sua própria prática, ou seja, desenvolver uma autoavaliação que de certa forma o faça refletir sobre ela a fim de reconhecer problemas e propor soluções que tragam a melhoria para o aprendizado do aluno.

Segundo Perrenoud (2002), o professor não conhece a priori a solução dos problemas que vão surgir em sua prática, essa solução deve ser construída constantemente e de até às vezes com grande estresse, sem dispor de todos os dados de uma decisão mais clara. Isso não pode acontecer sem os saberes abrangentes, os saberes acadêmicos, os saberes especializados e sobretudo aqueles saberes que são obtidos da experiência.

Sob a mesma óptica, Schön (1995) afirma que um professor deve ter um olhar atento para o seu aluno, esta é a característica de um professor reflexivo, aquele que se espera realmente atuar, e este deve fazer ainda mais, precisa deixar de certa maneira permitir que o estudante expresse e planeje sua aula com base no conhecimento latente, expresso pelo aluno. Ele considera que a prática pedagógica norteada pela reflexão, baseada na ação do professor que dá razão ao aluno é dividida em momentos: inicialmente, esse professor permite surpreender-se pelo aluno; na sequência, reflete sobre esse fato e procura compreender as implicações em que envolve o aspecto levantado pelo aluno; a partir daí, terá condições de reformular o problema; e, por fim, coloca em prática uma nova proposta.

No entanto, merece destaque aqui um fato importante, a mudança na prática docente não pode acontecer de forma incisiva para o professor, nem para o estudante. Segundo Borges e Alencar (2014), a alegria de ensinar não pode ser tirada do professor.

> Conceber o ato de ensinar como ato de facilitar o aprendizado dos estudantes faz com que o professor os veja como seres ativos e responsáveis pela construção de seus conhecimentos, enquanto ele passa a ser visto pelos alunos como facilitador dessa construção, como mediador do processo de aprendizagem, e não como aquele que detém os conhecimentos a serem distribuídos. (Oliveira, 2010, p. 29)

No que tange a um paralelo com as correntes teóricas, podemos fazer uma análise e observar os pontos de convergência.

Em oposição à ideia que considerava que o humano nasce de um jeito e nunca mudará, e ao behaviorismo, teoria que prega que o homem aprende através de mecanismos de estímulos, respostas, reforço positivo e reforço negativo, surge o interacionismo, quando o aluno deixa de ser um ser passivo. É essa concepção que considera o aluno como um sujeito ativo e participativo que, para construir seus conhecimentos, se apropria dos elementos fornecidos pelos professores e pelo material didático, como também em conjunto com seus colegas, por meio das atividades realizadas em sala de aula.

❔ O que é?

Behaviorismo é uma teoria psicológica que tem como objetivo descrever a psicologia por meio da observação do comportamento, com embasamento em metodologia objetiva e científica fundamentada na comprovação experimental, não através de conceitos subjetivos e teóricos da mente como sensação, percepção, emoção e sentimentos (Borges; Alencar, 2014).

Do ponto de vista interacionista, é dado ao professor o trabalho de trazer aos alunos o ambiente e os meios necessários para que eles construam seus conhecimentos, facilitando dessa forma sua aprendizagem. Neste sentido, é necessário ter ciência de uma série de atos complexos, como oferecer um ambiente afetivo na sala de aula que seja favorável ao aprendizado e, assim, dar espaço para que a voz do estudante seja ouvida, sugerir estratégias de aprendizagem, recomendar leituras.

Exercício resolvido

Algumas ideias surgem para dar características ao aluno, dentre elas podemos considerar a que considera o aluno um se livre, pensante, em outras palavras um ser ativo, nesse sentido estamos nos referindo ao:

a) behaviorismo.
b) interacionismo.
c) renascentismo.
d) criacionismo.

Gabarito: b

***Feedback* do exercício**: Como vimos, do contrário do behaviorismo que é uma teoria que o ser humano aprende através de mecanismos de estímulos, respostas, reforço positivo e reforço negativo, o interacionismo é uma concepção baseada no fato de que o aluno é um sujeito ativo e participativo que, para construir seus conhecimentos, deve se apropriar dos elementos fornecidos pelos professores e pelo material didático.

Os principais teóricos que seguem essas ideias em paralelo a essa são Jean Piaget, que desenvolveu um estudo sobre as etapas do desenvolvimento cognitivo do ser; e Lev Vygotsky, que forneceu uma perspectiva mais social ao interativismo. Estamos interessados aqui em aprofundar mais essa última análise, que não leva em conta o indivíduo isoladamente nem o contexto isoladamente, mas a interação desses elementos.

De acordo com Berbel (2011), mencionando as bases ideológicas de Vygotsky, os processos mentais superiores do indivíduo têm origem em processos sociais. Ele também descreve que é por meio da interação social, isto é, no contato com os pais, os avós, com outras crianças, com professores, por exemplo, que o sujeito irá tomar posse e de certa forma internalizar os instrumentos e os signos e, assim, desenvolve-se cognitivamente.

Na concepção de Vygotsky, a interação social é fundamental para o desenvolvimento cognitivo do indivíduo, por provocar constantemente novas aprendizagens a partir da solução de problemas sob a orientação ou colaboração de crianças ou adultos mais experientes. Ele considera que a aprendizagem ocorre dentro da zona de desenvolvimento proximal, que é a distância entre o nível de desenvolvimento cognitivo real da capacidade de o indivíduo resolver problemas independentemente e o nível de desenvolvimento potencial, capacidade de resolução de problemas sob orientação de um adulto. Nesse caso, o professor deve levar em conta o conhecimento real da criança e, a partir disso, provocar novas aprendizagens, as quais, quando tornarem-se conhecimento real, novamente propulsionarão outras aprendizagens.

Perguntas & respostas

O que é a pedagogia de John Dewey?

A pedagogia de John Dewey também vai ao encontro das metodologias ativas de ensino. O principal ponto de encontro dessas abordagens diz respeito a não haver separação entre vida e educação, o que representa que, segundo com Dewey (1978), os alunos não estão sendo preparados para a vida quando estão na escola, e que estão de fato "vivendo" quando não estão em ambiente escolar. O autor defende que, na escola, já se está "experienciando" ou vivenciando situações que fazem parte da vida do aluno. Para ele, "a educação torna-se, desse modo, uma contínua reconstrução de experiência" (Dewey, 1978, p. 7).

Suas ideias já apontavam para que a escola promova momentos de aprendizagem que façam sentido para o aluno, proporcionando experiências que sejam idênticas às condições da vida do aluno. Para tanto, os conteúdos devem abarcar o contexto do estudante, para que este possa refletir sobre ele. Eis outro ponto importante de convergência com as metodologias ativas de ensino:

> Está, porém, ainda por se provar que o ato de aprender se realiza mais adequadamente quando é transformado em uma ocupação especial e distinta. A aquisição isolada do saber intelectual, tentando muitas vezes a impedir o sentido social que só a participação em

uma atividade de interesse comum pode dar, deixa de ser educativa, contradizendo o seu próprio fim. O que é aprendido, sendo aprendido fora do lugar real que tem na vida, perde com isso o seu sentido e o seu valor. (Dewey, 1978, p. 27)

Com isso, segundo a ideia proposta por Dewey (1978), o estudante tem o direito de compreender os objetos, os acontecimentos e os atos do seu contexto social em que está imerso, somente dessa forma ele se torna apto para uma participação de forma ativa nas atividades, de forma interativa. O autor também desenvolveu várias ideias no que diz respeito ao ensino, é imperioso destacar que em sua aproximação com o método ativo elas se destacam por:

> só se aprende o que se pratica; mas não basta praticar, é preciso haver reconstrução consciente da experiência; aprende-se por associação; não se aprende nunca uma coisa só; toda aprendizagem deve ser integrada à vida. (Dewey, 1978, p. 29)

Com essas afirmações, concluímos que de acordo com a perspectiva de Dewey há um amparo com a abordagem do método ativo, uma vez que ele figura em torno da realidade do ano, valorizando suas experiências de vida.

Ao retratar a divisão da aprendizagem significativa e mecânica de Ausubel, Moreira (2011) menciona que, na primeira, a nova informação é relacionada de maneira substantiva e não arbitrária a um aspecto relevante da estrutura cognitiva, ao passo que, na aprendizagem mecânica, a nova informação não interage com aquela já existente na estrutura cognitiva. Um aluno que, para realizar uma prova avaliativa, decora fórmulas, macetes, leis e ao término da avaliação, esquece tudo, está submetido à aprendizagem mecânica.

De acordo com o pensamento ausubeliana, também trata das condições para a ocorrência da aprendizagem significativa: a não arbitrariedade do material, a subjetividade e a disponibilidade para a aprendizagem (Moreira, 2011). Importa para este trabalho dar destaque à última condição, que se refere à necessidade de predisposição favorável do aluno para a aprendizagem. Nas palavras do autor:

> independentemente do quão potencialmente significativo seja o material a ser aprendido, se a intenção do aprendiz for simplesmente a de memorizá-lo, arbitrária e literalmente, tanto o processo de aprendizagem como seu produto serão mecânicos (ou automáticos). De maneira recíproca, independentemente de quão disposto para aprender estiver o indivíduo, nem o processo nem o produto de aprendizagem são significativos, se o material não for potencialmente significativo. (Moreira, 2011, p. 156)

Nesse sentido, para que tenhamos uma aprendizagem que seja significativa, o professor deve levar em conta o conhecimento prévio do aluno, a potencialidade do material e a disposição do aprendiz em aprender. Daí que se configura a aproximação com o método ativo.

Na perspectiva de Paulo Freire, que foi um dos primeiros a problematizar os reais desafios que trouxeram à tona a articulação de movimentos populares em direção à transformação das realidades sociais opressoras, o professor vê como talvez o maior problema para educação o fato de os alunos serem estimulados a pensarem autonomamente. Sua abordagem acontece dentro de um enfoque construtivista, tendo o professor dentro desse enfoque o papel de

> assegurar um ambiente dentro do qual os alunos
> possam reconhecer e refletir sobre suas próprias ideias;
> aceitar que outras pessoas expressem pontos de vista
> diferentes dos seus, mas igualmente válidos e possam
> avaliar a utilidade dessas ideias em comparação
> com as teorias apresentadas pelo professor. De fato,
> desenvolver o respeito pelos outros e a capacidade
> de dialogar é um dos aspectos fundamentais do
> pensamento Freiriano. (Jófili, 2002, p. 196)

Com essa análise concluímos nossa abordagem das metodologias ativas com a ideia freiriana que de maneira geral corre em paralelo com o método ativo.

Síntese

- A Escola da Ponte e sua proposta educacional.
- Novas perspectivas para o ensino via método educacional da Escola da Ponte.
- Estrutura e conceitos fundamentais das metodologias ativas.
- Realidade do atual processo de ensino no Brasil.
- Perspectivas e desafios para a implementação de metodologias ativas.

Ensino de eletrostática

3

Conteúdos do capítulo:

- Conceito de aprendizagem significativa.
- Problemática da prática de ensino de laboratório de física.
- Jogos didáticos no ensino de física.
- Sequências didáticas para o ensino de eletrostática.

Após o estudo deste capítulo você será capaz de:

1. compreender o conceito de aprendizagem significativa;
2. compreender a importância de jogos didáticos para o ensino de física;
3. entender a importância da experimentação em física no processo de aprendizagem;
4. destacar novas metodologias para o melhoramento do ensino de física;
5. compreender algumas sequências didáticas para o ensino de eletrostática.

A busca por uma melhor forma de transmitir o conteúdo aos estudantes se configura, talvez, no maior desafio da prática de ensino em todas as áreas do conhecimento. No que diz respeito à disciplina de Física, esse desafio é ainda maior, uma vez que sendo a Física antes de tudo uma ciência natural, é comum que em suas bases didáticas estejam vinculadas práticas de experimentação.

A teoria em sala de aula aliada à prática de laboratório é a melhor maneira com que o professor dispõe para que o processo de ensino-aprendizagem se concretize de uma forma plena e sólida na mente dos estudantes. É nesse sentido que surgem novos métodos para melhor desempenho da aprendizagem do estudante, pois a proposta de sequências didáticas ajuda significativamente o processo de ensino, dando ao professor uma melhor facilidade para trabalhar o conteúdo e, assim, fazendo com que o aluno se torne um ser autônomo e independente.

3.1 Teoria da aprendizagem significativa

A prática de ensino para os professores de Física, aqui estamos restringindo ao do ensino médio, tem nos preocupado com alguns aspectos que envolvem o ensino dessa disciplina nas escolas, principalmente da rede pública, pois, é para esse público em especial que a realidade da sala de aula não parece em nada com as propostas didáticas que são defendidas pelo Ministério da

Educação. Uma consequência direta dessa realidade é o baixo desempenho nas avaliações de aprendizagem. Como em outros capítulos, destacou-se a real causa da problemática do ensino de Física no Brasil, aqui também daremos uma certa ênfase a esse problema que se configura na falta de uma metodologia adequada para o ensino de Física no ensino médio, que possui a característica de ser uma disciplina ensinada de uma forma puramente mecânica e teórica sem e até certa forma desconexa, sem significado priorizando-se abordagens quantitativas. Nessa perspectiva, temos que:

> É preciso que sejam realizadas diferentes atividades que devem estar acompanhadas de situações problematizadoras, questionadoras de diálogo, envolvendo a resolução de problemas e levando à introdução de conceitos para que os alunos possam construir seu conhecimento. (Carvalho, 1995, citado por Azevedo, 2004, p. 68)

Veremos agora a descrição sucinta da Teoria da Aprendizagem Significativa e da contribuição do uso de Atividades Experimentais, como peça-chave para melhor entendimento dos temas abordados na disciplina de Física para o ensino médio.

Chamamos de Teoria da Aprendizagem Significativa uma teoria de Aprendizagem Cognitivista que surgiu em meados da década de 1960. Sem dúvidas, uma das obras que deram início ao desenvolvimento dessa teoria foi "The Psychology of Meaningful Verbal Learning", publicada por David Ausubel no ano de 1963.

> A teoria cognitivista enfatiza exatamente aquilo que é ignorado pela visão behaviorista: a cognição, o ato de conhecer, ou seja, como o ser humano conhece o mundo. Os cognitivistas também investigam os processos mentais do ser humano de forma científica, tais como a percepção, o processamento de informação e a compreensão. (PILATTI, 2016, p. 13)

De acordo com Pilatti (2016), a teoria da Aprendizagem Significativa de Ausubel tem como principal objetivo descrever como ocorre o aprendizado, em outras palavras, tenta justificar como a mente absorve os conteúdos curriculares ministrados na sala de aula, como também em outros ambientes. No que diz respeito à aprendizagem por recepção, o conteúdo que se deseja ensinar é apresentado em sua forma final, já que o aluno não tem a obrigação de sozinho descobri-lo.

Ainda segundo Pilatti (2016), fica sob responsabilidade do aluno o papel de compreender o material de aprendizagem de forma significativa e desta forma de interiorizá-lo de maneira que esteja disponível para utilização futura. É importante destacar que, para a teoria em questão, a aprendizagem verbal configura-se no principal meio para aumentar o armazenamento de conhecimentos do estudante, seja dentro ou fora do ambiente escolar, como uma aula de campo.

A aprendizagem é significativa quando uma nova informação adquire significado para o aluno através de uma espécie de "amarração", em que os conhecimentos relevantes que antes já existiam em sua estrutura cognitiva, que Ausubel (2003) chama de "subsunçor". Nesse caso, a teoria de Aprendizagem Significativa é um processo dinâmico e harmonioso pelo qual ocorre uma interação não arbitrária e não literal entre o novo conhecimento e os conhecimentos antes existentes, ou seja, os subsunçores reforçam-se e interagem entre si modificando de forma constante a estrutura cognitiva do aluno.

De acordo com Segundo Moreira (1983, p. 20),

> [...] a aprendizagem significativa ocorre quando a nova informação "ancora-se" em conceitos relevantes (subsunçores) preexistentes na estrutura cognitiva. Ou seja, novas ideias, conceitos, proposições podem ser aprendidos significativamente (e retidos) na medida em que outras ideias, conceitos, proposições relevantes e inclusivos estejam adequadamente claros e disponíveis na estrutura cognitiva do indivíduo e funcionem, dessa forma, como ponto de ancoragem às primeiras.

O que é?

O termo "subsunçor" foi proposto por Ausubel no ano de 2000 e deriva da palavra subsunçores. Essa palavra não existe na língua portuguesa, ela seria mais ou menos um equivalente de "facilitar". Os subsunçores são estruturas do conhecimento específicas que segundo ele podem ser mais ou menos abrangentes de acordo com a frequência com que ocorre aprendizagem significativa em conjunto com um dado subsunçor.

Segundo Ausubel (2003), o armazenamento de informações na mente de um indivíduo acontece de maneira organizada, respeitando uma certa hierarquia de conceitos. Desse modo, o processo de assimilação para aquisição, retenção e organização de conhecimentos prévios adquiridos acontece por meio de uma diferenciação progressiva e uma reconciliação integradora.
No caso da diferenciação progressiva, o processo ocorre quando novos conhecimentos são incorporados à estrutura cognitiva do indivíduo de modo que conceitos mais específicos são relacionados e assimilados a conceitos mais gerais.

No processo, esses conhecimentos prévios, chamados de *subsunçores*, se modificam, ficando assim mais elaborados e capazes de servirem como subsunçores para novos conhecimentos. Já a reconciliação integradora acontece quando, em um processo de aprendizagem de novos conceitos, ideias preexistentes que estão presentes na estrutura cognitiva do indivíduo são percebidas como relacionadas, podendo ocorrer o desenvolvimento de novos significados e a conciliação de significados em conflito.

Ausubel (2003) definiu como aprendizagem mecânica o modo de aprendizagem com pouco significado, puramente memorístico, com a absorção do novo material de maneira literal, e não substantiva. Esse tipo de aprendizagem demanda um esforço bem menor por parte do estudante, sendo amplamente aplicado em escolas, universidades e cursos preparatórios para vestibulares e concursos.

Para o autor, a aprendizagem mecânica é necessária quando o aluno, em sua estrutura cognitiva, não dispõe de ideias que facilitem a conexão entre esta e a nova informação, ou seja, quando não existem ideias prévias que possibilitem a conexão necessária ao aprendizado. Segundo Moreira (1999, p. 26), na perspectiva ausubeliana, "o conhecimento prévio (a estrutura cognitiva do aprendiz) é a variável crucial para a aprendizagem significativa".

É válido destacar aqui que a aprendizagem significativa e a aprendizagem mecânica não constituem um abocamento, ou seja, uma subdivisão com apenas dois termos. Em vez disso, elas estão ao longo de um mesmo termo, um mesmo contínuo (Figura 3.1).

Figura 3.1 – Contínuo entre aprendizagens mecânica e significativa

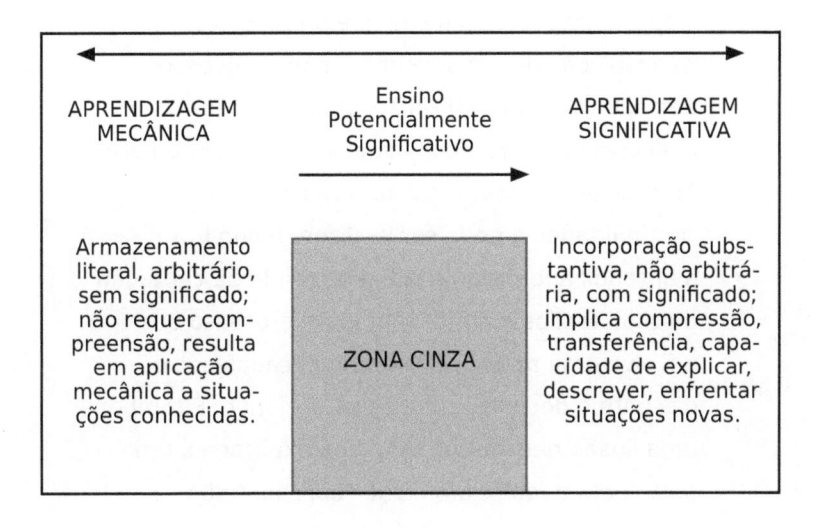

APRENDIZAGEM MECÂNICA	Ensino Potencialmente Significativo	APRENDIZAGEM SIGNIFICATIVA
Armazenamento literal, arbitrário, sem significado; não requer compreensão, resulta em aplicação mecânica a situações conhecidas.	ZONA CINZA	Incorporação substantiva, não arbitrária, com significado; implica compressão, transferência, capacidade de explicar, descrever, enfrentar situações novas.

Fonte: Moreira, 2012, p. 12.

A existência desse contínuo necessita dos seguintes esclarecimentos:

- a passagem da aprendizagem mecânica para a aprendizagem significativa não é natural, ou automática; é ilusão pensar que o aluno pode inicialmente aprender de forma mecânica pois ao final do processo a aprendizagem acabará sendo significativa; isto pode vir a ocorrer, mas depende da existência de subsunçores adequados, da predisposição do aluno para aprender, de materiais potencialmente significativos e da mediação do professor; na prática, tais condições muitas

vezes não são satisfeitas e o que predomina é a aprendizagem mecânica.
- a aprendizagem significativa é *progressiva*, a construção de um subsunçor é um processo de captação, internalização, diferenciação e reconciliação de significados que não é imediato Ao contrário, é progressivo, com rupturas e continuidades e pode ser bastante longo [...];.
- a aprendizagem significativa depende da captação de significados (Gowin, 1981), um processo que envolve uma negociação de significados entre discente e docente e que pode ser longo. É também uma ilusão pensar que uma boa explicação, uma aula "bem dada" e um aluno "aplicado" são condições suficientes para uma aprendizagem significativa. (Moreira, 2012, p. 12-13, grifo do original)

De acordo com Moreira (2012), a teoria de aprendizagem significativa pode ocorrer de duas formas distintas: por recepção e por descoberta.

Na aprendizagem por recepção, a informação é apresentada ao aluno em sua forma final; já na aprendizagem por descoberta o aluno deve descobrir por si só o conteúdo a ser aprendido. Moreira (2012, p. 13) ainda destaca que "não é preciso descobrir para aprender significativamente. É um erro pensar que a aprendizagem por descoberta implica aprendizagem significativa".

Assim, concluímos que o aluno não consegue aprender se tiver que descobrir o conhecimento a todo instante.

No entanto, é possível recorrer a esse tipo de aprendizagem se necessário. Moreira (2012) destaca mais uma vez que não há uma divisão entre as aprendizagens por recepção e por descoberta. Isso pode ser melhor compreendido observando a Figura 3.2.

Figura 3.2 – Relação entre as teorias de aprendizagem – proposta 1

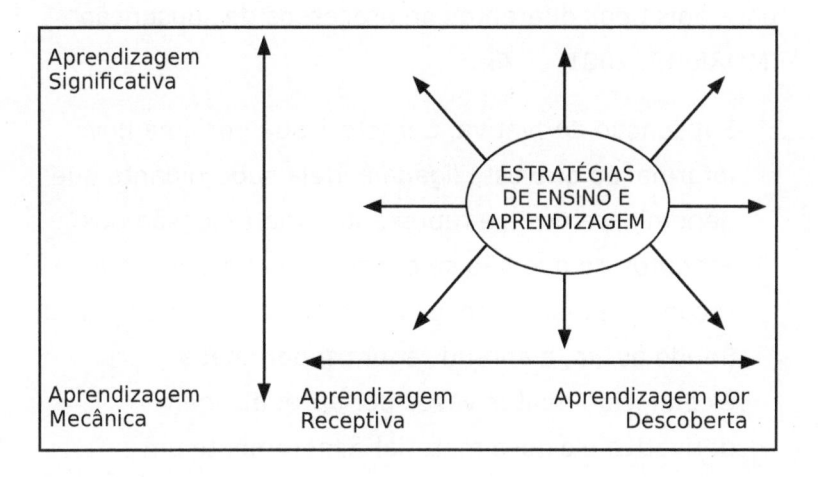

[Diagrama: eixo vertical de Aprendizagem Significativa a Aprendizagem Mecânica; eixo horizontal de Aprendizagem Receptiva a Aprendizagem por Descoberta, com "ESTRATÉGIAS DE ENSINO E APRENDIZAGEM" no centro]

Fonte: Moreira, 2012, p. 15.

Percebemos pela figura que tanto a Aprendizagem por Recepção quanto a por descoberta podem resultar em aprendizagem significativa ou mecânica.

Assim como vimos na Figura 3.1, acerca da relação entre a aprendizagem mecânica e a significativa, as aprendizagens por recepção e por descoberta fazem parte de um contínuo.

O mesmo autor ainda define três formas de Aprendizagem Significativa: subordinada, subordinante e combinatória. Típica da aprendizagem receptiva, a aprendizagem subordinada é a mais comum, resultando da interação de novos conhecimentos com conhecimentos prévios especificamente relevantes na estrutura cognitiva do indivíduo. "Para a dinâmica de subsunção subordinada ficar mais clara, Ausubel chama a atenção para dois tipos diferentes de processos de subsunção" (MOREIRA, 2001, p. 28).

- Subsunção derivativa. Caracterizada por uma nova informação que está ligada à ideia subordinante que denominaremos a e representa uma extensão dos atributos de que não se encontram alterados, mas reconhecem-se os novos exemplos como relevantes. Sendo assim, a aprendizagem subordinada é conhecida muitas vezes por aprendizagem derivativa e o novo material é meramente um colaborador ou de algum conceito já existente, de forma estável e certamente inclusiva.
- Subsunção correlativa. Esse tipo de subsunção é de certa forma mais complexa. Vamos definir aqui uma nova informação pela qual denominaremos por Y. Essa informação por sua vez está ligada à ideia X, que pode ser compreendida como uma extensão, alteração ou até mesmo uma qualificação de X. Os atributos de critérios do conceito de subsunção podem alargar-se ou alterar-se com a nova subsunção

correlativa. Assim, a aprendizagem subordinada é chamada de correlativa quando o novo material é na verdade uma extensão ou quantificação de conceitos ou proposições que foram antes aprendidos de forma significativa.

Na Figura 3.3, temos um resumo da interação entre as duas novas ideias e as já estabelecidas na estrutura cognitiva, com duas situações: (a) subsunção derivativa e (b) subsunção correlativa.

Figura 3.3 – Relação entre as teorias de aprendizagem – proposta 2

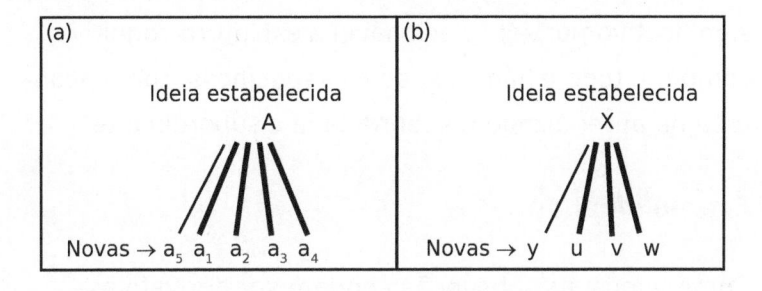

(a) Ideia estabelecida A Novas → a_5 a_1 a_2 a_3 a_4	(b) Ideia estabelecida X Novas → y u v w

Fonte: Pilatti, 2016, p. 18.

Existe ainda uma outra forma de aprendizagem, que de certa forma é bem menos comum do que a subordinada: conhecida como *aprendizagem subordinante* ou *superordenada*, ela é de grande importância para o processo na formação de conceitos e na unificação e reconciliação integradora de proposições não relacionadas ou conflitivas; o novo conhecimento é mais geral e mais inclusivo do que os conhecimentos já existentes na estrutura cognitiva do indivíduo. Assim, os conceitos já existentes assumem posição de subordinação em relação a esse novo conceito mais abrangente.

Toda vez que o novo conhecimento se encontra relacionado com os conhecimentos já estabelecidos na estrutura cognitiva do indivíduo, nós teremos a chamada aprendizagem combinatória, no entanto, ela não é mais específica e nem mais geral do que as que vimos anteriormente. O novo conhecimento se relaciona a vários conceitos já existentes na estrutura cognitiva do indivíduo.

É como se o novo conhecimento fosse potencialmente significativo por ser relacionável a estrutura cognitiva como um todo e não a aspectos específicos, como acontece na aprendizagem subordinada e subordinante.

Exemplificando

Como vimos, as subsunções podem ser derivativas, ligadas a uma ideia subordinante, ou correlativas, em que o material é na verdade uma extensão ou uma quantificação dos conceitos ou proposições preexistentes aprendidos de forma significativa.

Para melhor compreender esse processo, podemos analisar a figura a seguir e observar as ideias já estabelecidas, as quais denominaremos de a_1, a_2 e a_3, assim, reconhecem-se como exemplos mais específicos da nova ideia a e tornam-se ligadas a ela. A ideia subordinante a é assim modificada de modo a possuir o conjunto de atributos que acompanham as outras ideias subordinadas preexistentes.

Figura 3.4 – Relação entre as teorias de aprendizagem – proposta 3

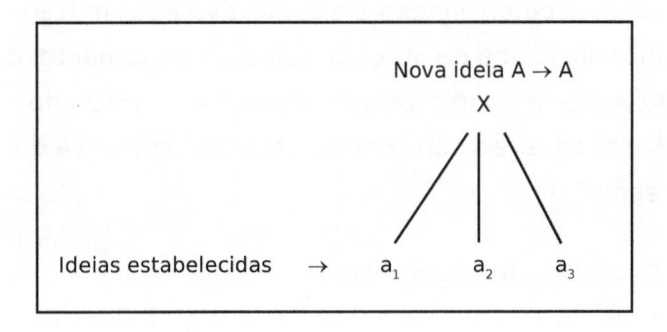

```
                          Nova ideia A → A
                                 X
                                /|\
                               / | \
Ideias estabelecidas    →    a₁  a₂  a₃
```

Fonte: Pilatti, 2016, p. 19.

Todas as vezes que ocorre uma relação entre os conhecimentos já existentes na estrutura cognitiva do indivíduo nós temos a aprendizagem combinatória, mas não é nem mais específico e nem mais geral. Assim, o novo conhecimento está relacionado com vários conceitos preexistentes na estrutura cognitiva do indivíduo.

Podemos considerar nesse caso que o novo conhecimento seja potencialmente significativo por estar relacionado com a estrutura cognitiva como um todo e não apenas com aspectos específicos, como acontece na aprendizagem subordinada e subordinante.

De maneira resumida, podemos considerar que uma das condições para a ocorrência da Aprendizagem Significativa em termos práticos é que o material usado pelo professor, seja potencialmente significativo, ou seja, esteja alinhado com a estrutura cognitiva do aprendiz de maneira não arbitraria e não literal (substantiva).

A condição para que o material utilizado pelo professor seja potencialmente significativo e assim traga melhor qualidade de aprendizado para o estudante, deve envolver duas condições subjacentes, a natureza do material em si e a natureza da estrutura cognitiva do aprendiz.

> Quanto à natureza do material, ele deve ser "logicamente significativo" ou ter "significado lógico", ser suficientemente não arbitrário e não literal em si, de modo que possa ser relacionado, de forma substantiva e não arbitrária, a ideias correspondentemente relevantes que se situem dentro do domínio da capacidade humana de aprender. No que se refere à natureza da estrutura cognitiva do aprendiz, nela devem estar disponíveis os conceitos subsunçores específicos com os quais o novo material é relacionável. (MOREIRA, 1983, p. 25-26)

De acordo com Moreira (1983), temos ainda outra condição para que a Aprendizagem Significativa ocorra. É o caso em que o aprendiz esteja predisposto a aprender, de maneira a relacionar a forma substantiva e não arbitrária, o novo material, que em linhas gerais é potencialmente significativo, à sua estrutura cognitiva. Esse fato acarreta em dizer que se a intenção do aprendiz for de memorizar o material, não importando o quão significativo ele seja, o processo de aprendizagem acaba sendo um processo puramente mecânico.

Se o material não for potencialmente significativo, ou seja, não estabelecer uma relação com a estrutura cognitiva do indivíduo, independentemente de sua disposição em aprender, o processo de aprendizagem não será significativo.

3.2 Técnicas de experimentação no ensino de física

Agora, vamos dar enfoque a experimentação no ensino de física para o processo de aprendizagem. É fato que as atividades experimentais melhoram a compreensão dos fenômenos físicos estudados em sala de aula, contribuindo para que o aluno perceba a relação entre a atividade experimental e os conceitos físicos estudados. De acordo com os Parâmetros Curriculares Nacionais (PCN),

> É indispensável que a experimentação esteja sempre presente ao longo de todo o processo de desenvolvimento das competências em Física, privilegiando-se o fazer, manusear, operar, agir, em diferentes formas e níveis. É dessa forma que se pode garantir a construção do conhecimento pelo próprio

aluno, desenvolvendo sua curiosidade e o hábito de sempre indagar, evitando a aquisição do conhecimento científico como uma verdade estabelecida e inquestionável. (Brasil, 2002, p. 81)

É de extrema importância que as atividades experimentais estimulem não somente o aprendizado de Física, como também o raciocínio, o senso crítico e criativo. Dessa maneira, concluímos que a participação e o interesse dos alunos nas aulas, desenvolvendo suas habilidades, estão muito além do que poderia ser proporcionado em uma aula tradicional. O ensino de laboratório por meio da experimentação é essencial para um bom ensino de ciências e a aprendizagem científica dos alunos. Em parte, isso se deve ao fato de que o uso de atividades práticas permite maior interação entre professor e alunos, proporcionando, em muitas ocasiões, a oportunidade de um planejamento conjunto e o uso de estratégias de ensino que podem levar a melhor compreensão dos processos das ciências.

Nesse caso, diante do exposto, é crucial que o professor entenda o papel das atividades experimentais na construção e evolução dos fenômenos Físicos. Dessa forma, ele faz com que o aluno perceba que o conhecimento é na verdade um processo evolutivo à medida que suas hipóteses são confirmadas por evidências experimentais.

Para que as atividades experimentais contribuam de fato no processo de ensino, é preciso que o professor planeje a atividade após ter feito um estudo teórico, "a ideia ingênua de que devemos ir para o laboratório com a 'mente vazia' ou que 'os experimentos falam por si só' é um velho mito científico" (Silva; Martins, 2003, p. 59).

> O desafio que então se apresenta é o de propiciar um ambiente que permita o diálogo entre a teoria e o experimento, sem estabelecer entre eles uma hierarquia e uma regra de procedência. (AMARAL; SILVA, 2000, p. 55)

Uma vez que o professor faz uso da experimentação, deve ficar evidente para o professor a mudança de comportamento que essa metodologia proporciona não somente ao aluno, mas também para o próprio professor. O aluno deixa de ser apenas um observador e passa a participar, interferir e a questionar, ou seja, ele passa a ser sujeito de seu próprio aprendizado.

Nos últimos anos, diversos pesquisadores vêm defendendo o uso e a potencialidade das histórias em quadrinhos como material didático para o ensino de maneira geral, em especial ao ensino de Física. De acordo com Vergueiro (2006), existem muitos motivos que podem justificar a utilização de histórias em quadrinho em sala de aula, um deles é o fato de que elas fazem parte do cotidiano das crianças e dos adolescentes, sendo uma leitura bem comum entre eles, mesmo estando na era da tecnologia.

Segundo Calazans (2004), em uma publicação por Serpa e Alencar sobre Histórias em Quadrinhos em sala de aula, publicado em 1988 na revista Nova Escola, ficou confirmado, após uma pesquisa sobre hábitos de leitura dos alunos, que 100% deles gostavam mais de ler quadrinhos do que qualquer outro tipo de publicação. Foi por esse fato que a abordagem em sala de aula não acarretaria qualquer forma de rejeição, muito pelo contrário, nesse caso poderia aumentar ainda mais a motivação dos alunos no que se refere aos conteúdos de aula, em particular, ao ensino de Física.

As histórias em quadrinhos são escritas de forma simples, possibilitando a redução do estresse, fazendo ligação com a estrutura cognitiva do aluno e, ainda, causando uma maior aproximação entre o aluno, o professor e o material didático.

Segundo Cagnin (1975), as histórias em quadrinhos são classificadas como um sistema narrativo de acordo com dois códigos gráficos: a imagem obtida pelo desenho e a linguagem escrita dos balões e descrições. As diversas formas de linguagens estão conectadas. Sendo assim, o encontro de palavras e imagens pode ampliar a compreensão dos conteúdos de Física, uma vez que essa ligação entre texto e imagem cria um nível de comunicação com dinâmica própria, que pode facilitar a apropriação de conceitos Físicos pelos alunos. Para Calazans (2004, p. 19): "Cabe ao professor estudar atentamente o material quadrinizado disponível e improvisar o emprego das revistas em seus objetivos didáticos e na proposta pedagógica da escola".

Outra forma de fazer com que o processo de aprendizagem se torne um fator bem mais fácil é através de jogos didáticos, o lúdico (atividade que envolve o divertimento), quando usado de forma didática, tem a capacidade de tornar a aprendizagem mais agradável e dinâmica, assim o jogo utilizado ficará armazenado no subconsciente, fazendo com que ocorra uma compreensão quase que inconsciente por parte do aluno (RAMOS, 1990).

Assim, concluímos que os jogos didáticos têm o poder de contribuir para um resgate da vontade do aluno em manusear, explorar e, também, aguçam sua curiosidade, possibilitando à cada um ser o sujeito de seu próprio aprendizado.

> Para proporcionar situações de aprendizagem não é preciso que a escola seja grave e carrancuda. Uma possibilidade é assumir a mesma seriedade do jogador (que, como jogador, não abre mão da ludicidade): envolver, ousar, ter convicção, sem perder de vista a afetividade positiva. O lúdico deve ser encarado como uma forma de ação pedagógica que se desdobra em reflexão, devendo ser vivenciada de uma forma igualmente lúdica pelo educador. (RAMOS, 1998, p. 219)

De acordo com o pensamento de Kishimoto (2015), torna-se evidente o crescimento do número de autores que adotam o jogo na escola, incorporando as funções lúdica e educativa. Alguns autores alicerçam a atividade baseada em jogos em quatro critérios fundamentados em quatro valores que trazem uma adequada utilização em âmbito escolar, os quais podemos enumerá-los como:

1. **valor experimental**: permite ao aluno explorar e manusear;
2. **valor da estruturação**: contribui para o suporte à construção da personalidade da criança/adolescente;
3. **valor de relação**: faz com que a criança/adolescente se relacione com seus pares e com os adultos e assim torne o processo mais dinâmico;
4. **valor lúdico**: verifica se os objetos possuem as qualidades que estimulam aparecimento da ação lúdica.

De acordo com o mesmo autor, a proposta do jogo educativo no processo de ensino aparece com dois sentidos:

1. Sentido amplo: como material ou situação que permite a livre exploração em recintos organizados pelo professor, visando o desenvolvimento geral da criança/adolescente;
2. Sentido restrito: como material ou situação que exige ações orientadas com vistas à aquisição ou treino de conteúdos específicos ou de habilidades intelectuais. No segundo caso recebendo o nome de jogo didático.

É válido destacar aqui que é preciso despertar o interesse e a curiosidade dos alunos, senão a atividade baseada nos jogos didáticos não possuirá nenhum efeito de aprendizagem, é por esse motivo que o professor, que é a peça central nesse processo, deve planejar como será a sua estratégia, qual será o objetivo do jogo no contexto da aula.

> O ato de jogar é uma atividade muito importante. Os jovens jogam por entretenimento e também porque o jogo representa esforço e conquista.
> É uma necessidade vital, a preparação para a vida, possibilitando o equilíbrio entre o mundo externo e o interno, canalizando as energias e transformando em prazer suas angustias. (RODRIGUES, 1992, p. 35)

Segundo Huizinga (1990, p.22), as principais características, aquelas que podemos assumir como fundamentais dos jogos, são:

> [...] ser uma atividade livre; não ser vida "corrente", mas antes possibilitar uma evasão para uma esfera temporária de atividade com orientação própria; ser "jogado até o fim" dentro de certos limites de tempo e espaço, possuindo um caminho e um sentido próprios; criar ordem e ser ordem, uma vez que quando há a menor desobediência a esta, o jogo acaba. Todo jogador deve respeitar e observar as regras, caso contrário ele é excluído do jogo (apreensão das noções

de limites); permitir repetir tantas vezes quantas forem necessárias, dando assim oportunidade, em ser permanentemente dinâmico.

Podemos concluir com este tópico que é no processo de experimentação que o aluno ganha mais autonomia no processo de aprendizagem, uma vez que tem o contato com o fenômeno em questão, entretanto, faz-se necessário que se tenha novas técnicas para essa forma de ensino, tornando esse processo ainda mais promissor.

3.3 Introdução ao ensino da eletrostática

Após toda essa fundamentação sobre a teoria da Aprendizagem Significativa e o uso de experimento e jogos no processo de ensino, chega o momento de tratarmos das propriedades Físicas para fenômeno da eletrostática. A partir disso estaremos aptos a realizar um estudo sobre uma proposta de sequência didática para este tema.

Como vimos em capítulos anteriores, as primeiras observações sobre os fenômenos elétricos que se tem notícia foram na Grécia Antiga. Citações em trabalhos de filósofos apontam que foram os milésimos, como eram chamados os que viviam na cidade de Mileto, hoje no território da Turquia. Tales de Mileto (640-546 a.C.) foi, possivelmente, o primeiro a constatar que o âmbar, ao ser atritado, adquiria a propriedade de atrair corpos leves.

Como de sua obra quase nada foi preservado, o que dele sabemos vem de citações dos que o sucederam.

Segundo esses relatos, Tales teria verificado que um pedaço de âmbar adquiria o estranho poder de atrair fragmentos de objetos leves ao ser esfregado em algum tecido. Tales explicou o fenômeno afirmando que o âmbar tinha alma própria, essa ideia pode ser justificada pelo fato de que ele acreditava que tudo que havia era derivado de uma substância primordial, cuja "alma" fazia parte dessa substância.

Perguntas & respostas

Poderíamos imaginar que tivesse sido qualquer objeto metálico a trazer à tona as propriedades elétricas da matéria, no entanto o material não era metálico. Como era chamado esse material?
O material era o âmbar. O âmbar na verdade é um material do tipo resina fóssil, muito usada para a manufatura de objetos ornamentais. Embora não seja um material mineral, é muitas vezes considerado e usado como uma gema.

Com o passar dos séculos, foram feitas tentativas de explicar a origem dos fenômenos elétricos e magnéticos. Lucretius (98-55 a.C.), um atomista romano, tentou explicar a força magnética entre a magnetita, um mineral com imantação permanente, e o ferro, afirmando que as partículas eram emanadas da magnetita e originavam um vácuo em volta da mesma, sugando o ferro. Um fato importante é que essa explicação para esse fenômeno (força magnética) é o de romper com a ideia de que este depende de forças sobrenaturais como de deuses, mas são tentativas de estabelecer um modelo para a compreensão do fenômeno físico. Com o final do Império Romano do Ocidente no século V, a Europa Ocidental entra na Idade Média e o fato mais importante relacionado ao eletromagnetismo foi a descoberta da bússola e a sua aplicação (PILATTI 2016).

Foi somente no século XVI, mais de mil anos após Tales, que um médico da família real britânica e chefe do então Royal College of Physicians, chamado William Gilbert, trouxe à tona uma explicação científica sobre esse assunto em sua obra intitulada De Magnete, publicada em 1600. No ano de 1602 o livro de Gilbert já era muito conhecido em toda a Itália, onde as atividades artísticas e culturais eram intensas, onde havia muitas pessoas que reconheciam o seu trabalho como algo importante, um destes nomes foi Nicolo Cabeo, um dos responsáveis pela descoberta do fenômeno da repulsão elétrica. "Ele foi, inclusive, um dos primeiros a defender o valor da experimentação na ciência" (ROCHA et al., 2002, p. 190).

Foi Gilbert que compreendeu que a terra era um ímã natural, ou seja, magneto gigante, ele chegou até a construir uma miniatura do planeta feita de magnetita, a qual chamou de Terrela. Por meio de medidas experimentais e de um aguçado senso científico, Gilbert chegou a importantes conclusões, como o fato de força elétrica ou magnética variar inversamente com o quadrado da distância entre os corpos (PILATTI, 2016).

Somente no ano de 1663, quando ainda não havia conclusão da força elétrica de repulsão, o alemão Otto von Guericke (1602-1686) inventou uma máquina capaz de eletrizar corpos. Podemos considerar esse invento como sendo o primeiro gerador eletrostático que se tem notícia (PENTEADO, TORRES, 2005). A figura a seguir nos mostra o invento de Otto.

Figura 3.5 – Invento de Otto von Guericke

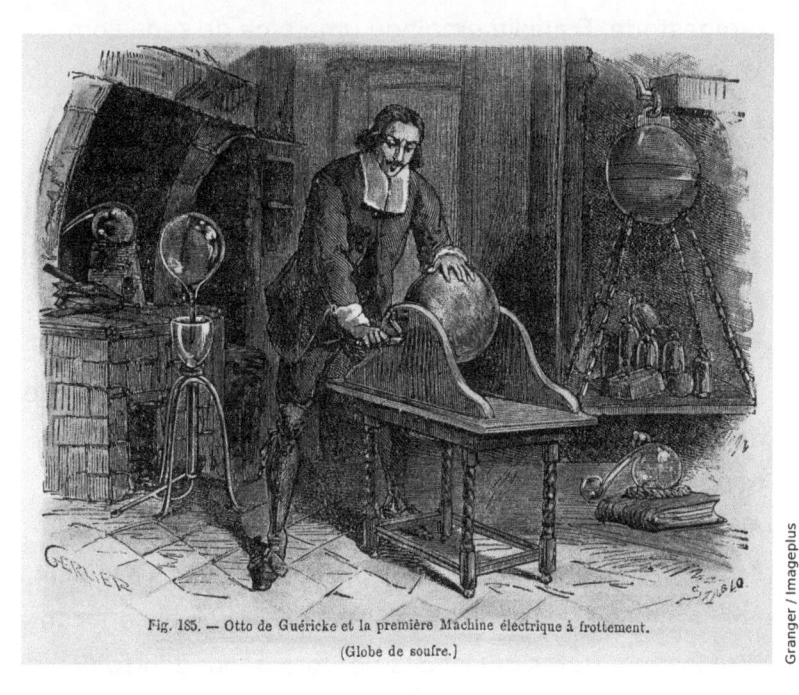

Fig. 185. — Otto de Guéricke et la première Machine électrique à frottement.
(Globe de soufre.)

Granger / Imageplus

Fonte: Pilatti, 2016, p. 27.

Esse objeto trata na verdade de uma esfera de enxofre, manipulada com uma manivela, fazendo-a girar. Quando ela era atritada com borracha, por exemplo, a esfera passava inicialmente a atrair objetos, tais como tiras metálicas e penas. Porém, quando os objetos encostavam na esfera, passavam a ser repelidos. No século XVIII os estudos dos fenômenos eletrostáticos tiveram uma grande ajuda do gerador eletrostático (ROCHA et al., 2002).

Em 1752, o norte-americano Benjamin Franklin realizou a sua famosa e célebre experiência com o "papagaio", assim ele pode verificar a natureza elétrica do raio. Nessa experiência, feita quando se aproximava uma tempestade, Franklin empinou uma pipa de seda com uma ponta de metal presa a um fio de algodão úmido e a outra presa em uma garrafa de Leyden. Franklin verificou que, após o surgimento dos raios perto da pipa, a garrafa de Leyden estava carregada, provando assim a natureza elétrica do raio. Uma das consequências práticas das experiências de Franklin foi a invenção do para-raio (ROCHA et al., 2002).

No entanto, seis anos antes, em 1746, na Universidade de Leyden na Holanda, foi criado um dispositivo (talvez o primeiro) capaz de armazenar cargas elétricas, denominado pelo físico parisiense Jean Nollet de "garrafa de Leyden". Podemos ver esse dispositivo na figura a seguir, hoje esse objeto é conhecido como *capacitor*. Ele era constituído de garrafas revestidas por fora e por dentro de folhas de metal que tinham a capacidade de armazenar grandes quantidades de carga (ROCHA et al., 2002).

Figura 3.6 – Capacitor, o invento de Otto von Guericke

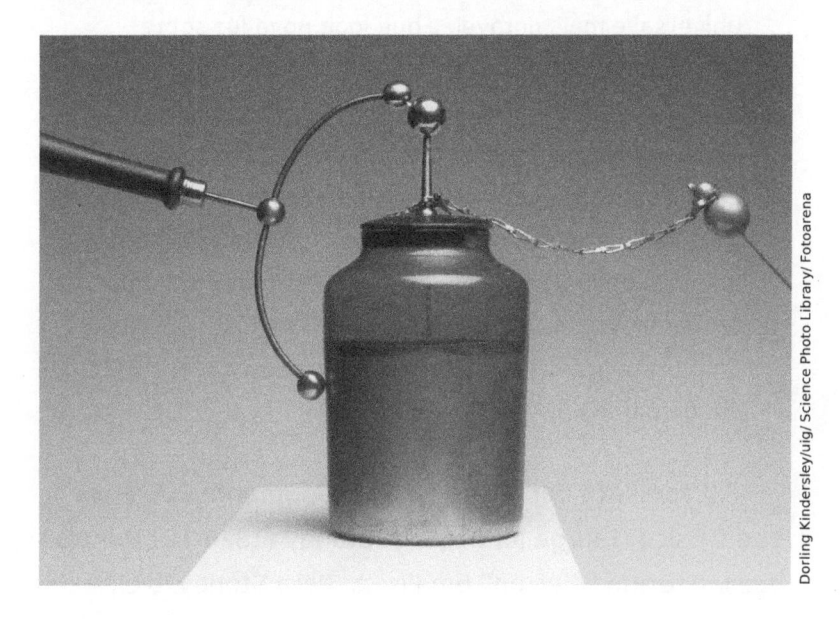

Fonte: Pilatti, 2016, p. 28.

É de grande importância destacar aqui todos esses estudos, sabia-se que havia propriedades distintas para o fenômeno de eletricidade, no entanto não se sabia ao certo qual a característica dessas propriedades. Essas características são atribuídas a Charles Du Fay (1698-1739), um cientista francês que identificou dois tipos de eletricidade, vítrea e resinosa, os quais Benjamin Franklin denominou de positivo e negativo (PENTEADO; TORRES, 2005). Ainda em relação às duas espécies de eletricidade, Du Fay escreveu:

A causalidade presenteou-me outro princípio mais universal e mais notável, e que joga nova luz sobre o estudo da eletricidade. Este princípio afirma que há duas classes de eletricidade bem distintas uma da outra: uma eu chamo eletricidade vítrea e a outra de eletricidade resinosa. A primeira é a do vidro (atritado), do cristal de rocha, das pedras preciosas, do pelo dos animais, da lã e muitos outros corpos. A segunda é do âmbar (atritado) [...], da goma laca, da seda, da linha, do papel e grande número de outras substancias. (BELL, citado por ROCHA et al., 2002, p. 194)

Foi somente depois de aproximadamente 200 anos que o físico George Johnestone Stoney (1826-1911) introduziu o termo "elétron" em Física. Para Stoney, o elétron era a menor quantidade de carga elétrica, sentido diferente do que usamos hoje. Numa reunião da British Association, em 1874, Stoney apresentou a sua hipótese da existência de uma unidade absoluta de eletricidade. Uma hipótese que contrariava a teoria dos dois fluidos elétricos, um positivo e o outro negativo, proposta por Du Fay. A primeira vez que Stoney usa a palavra elétron foi em 1891, para definir a menor quantidade de carga elétrica. (PILATTI, 2016).

Seus cálculos se basearam no fato de que um faraday (96.490 Coulomb) de carga elétrica libera na eletrólise um número de átomos correspondentes a um átomo-grama e esse número é o de Avogadro N_0. Sendo a representação da carga do elétron, assim teremos a seguinte relação:

Equação 3.1

$$F = N_0 \cdot e$$

Um fato curioso é que até aquele instante todos os fenômenos elétricos haviam sido produzidos por meio de processos puramente físicos. Somente no final do século XVIII, o cientista italiano Alessandro Volta (1745-1827) demonstrou que era possível produzir eletricidade também através de processos químicos. Podemos considerar que o dispositivo "eletrônico" criado por Volta ficou conhecido como a primeira pilha elétrica. Essa pilha era constituída por metais diferentes postos em contato com uma solução ácida. Dessa forma, era possível se manter uma corrente elétrica constante e não apenas descargas elétricas.

Uma vez conhecido o fato de que a eletricidade pode ser produzida por fenômenos químicos e tendo em vista que a natureza sempre tem a propriedade de uma via de mãos duplas, o inglês Humphry Davy (1778-1829) mostrou que não somente reações químicas poderiam produzir eletricidade, mas também a eletricidade poderia produzir reações químicas, até hoje esse processo ficou conhecido por eletrólise e possui uma gama de aplicações na indústria moderna. Com a descoberta de Volta, foi possível realizar em laboratórios experiências mais elaboradas.

No século XIX acontece um dos maiores feitos do homem, chamada revolução industrial, esse é o marco do surgimento de motores elétricos e de geradores elétricos, assim como as máquinas térmicas a vapor, em que teve importância capital o cientista Michael Faraday, considerado pela comunidade científica até hoje o maior cientista experimental de todos os tempos, tendo escrito vários artigos científicos sem a utilização de nenhuma fórmula matemática.

> Para a nossa história, as leis da eletrólise apresentam fundamental importância; a figura de Michael Faraday se destaca de modo absoluto na História da Ciência e, de maneira invulgar, por ter sido o verdadeiro deste importante capitulo da Física. (MARTINS, 2001, p. 59)

Foi também nesse século que ocorreu o que talvez seja a primeira grande teoria de unificação da Física, a chamada teoria do eletromagnetismo, que teve a contribuição de muitos cientistas. No entanto foi o trabalho elaborado pelo físico escocês James Clerk Maxwell que consolidou a compreensão da luz como sendo uma onda eletromagnética e permitiu, já no final do século XIX e início do século XX, que o homem entrasse na era das comunicações sem fio, com o brasileiro Landell de Moura (1861-1928) e o italiano Guglielmo Marconi (1874-1937). Além disso, a teoria eletromagnética de Maxwell mostra que os fenômenos elétricos e magnéticos que eram antes considerados fenômenos independentes na verdade possuem a mesma origem, em uma quantidade conhecida como campo eletromagnético.

Talvez o fato mais interessante a respeito dessa breve revisão histórica é observar que a humanidade adquiriu uma grande compreensão dos fenômenos elétricos e magnéticos sem possuir um entendimento da relação entre a estrutura íntima da matéria e esses fenômenos, ou seja, eles não compreendiam como funcionava a Física nas regiões mais pequenas da matéria.

Em outras palavras, não se sabia ao certo qual era a característica da matéria que conferia a ela a propriedade de apresentar eletricidade e magnetismo, uma vez que o modelo atômico que dominava até a segunda metade do século XIX era o átomo de Dalton, que nada dizia a respeito da eletricidade. Foi no final do século XIX, quando a Física passou por uma revolução, que descobertas importantes foram feitas, revelando a natureza elétrica da matéria. Foi nessa época que o físico inglês J. J. Thomson descobriu o elétron. Thomson ironicamente descreve sua descoberta:

> Poderia alguma coisa à primeira vista parecer menos prática que um corpo que só existiria em vasos nos quais extraímos quase todo ar, exceto uma fração diminuta; o qual é tão pequeno que sua massa é um fragmento insignificante da massa de um átomo de hidrogênio, o qual por sua vez é tão pequeno que uma grande quantidade destes átomos, igual em número à população de todo o mundo, seria tão pequena para ser detectada por qualquer método conhecido da Ciência. (MARTINS, 2001, p. 24)

O grande feito do trabalho de Thomson foi o de determinar experimentalmente a razão entre a massa *m* e o valor absoluto da carga elétrica conhecida como carga elementar:

Equação 3.2

$$\frac{m}{e} = 5,7 \times 10^{-12} \text{ kg/C}$$

Tendo em mãos esses resultados de seus trabalhos, fazia-se necessário propor um novo modelo atômico que levasse em conta o elétron. Considerando a matéria neutra, Thomson propôs o conhecido modelo do "Pudim de Passas". O "pudim" teria carga positiva e os elétrons, com carga negativa, seriam as passas. Thomson recebeu o Prêmio Nobel de Física, em 1906, pelos seus trabalhos sobre condução de eletricidade através dos gases.

Podemos considerar o modelo de Thomson como o primeiro modelo a levar em conta a natureza elétrica da matéria. No entanto, a descoberta da radioatividade de Becquerel (1852-1908) e os experimentos de Ernest Rutherford (1871-1937) levaram a um novo modelo do átomo, constituído por partículas positivas em um núcleo denso e de dimensões desprezíveis, em comparação ao tamanho do átomo, e por elétrons, partículas negativas que se movimentavam em torno do núcleo, essas partículas ficariam conhecidas mais tarde por elétrons.

No ano de 1908, Ernest Rutherford foi laureado com o Prêmio Nobel de Química ao descrever a determinação da contagem de partículas alfa pelas cintilações produzidas numa tela de sulfeto de zinco (MARTINS, 2001). A prova da natureza elementar da eletricidade e a primeira determinação precisa do valor da menor carga elétrica aparece no trabalho de Robert Andrews Millikan, com a célebre experiência da gota de óleo realizada, pacientemente, durante vários anos, de 1909 a 1917 (MARTINS, 2001).

O arranjo utilizado por Millikan para a determinação da carga do elétron pode ser visto a seguir (Figura 3.7).

Figura 3.7 – Instrumento utilizado por Millikan

Fonte: Pilatti, 2016, p. 30.

Somente no início do século XX, principalmente depois do trabalho de Max Planck (1858-1947), a célebre justificativa para a radiação do corpo negro e juntamente com os trabalhos de Werner Heisenberg (1901-1976), Erwin Schrodinger (1887-1961), entre outros, é que se explica definitivamente as propriedades da estrutura atômica, esse conjunto de observações ficou conhecido como a tão famosa Mecânica Quântica. No entanto, mesmo nessa moderna teoria, eletricamente falando, o átomo ainda é composto de prótons e elétrons que possuem a mesma carga, em módulo e sinais opostos.

Hoje em dia sabe-se que a matéria é constituída por átomos e que estes, por sua vez, são formados basicamente por três partículas: o próton, o elétron e o nêutron. No entanto, a Física de partículas, outrora conhecida como Física nuclear, mostrou que os prótons e nêutrons são constituídos por partículas ainda menores, conhecidas como quarks. Em cada átomo, podemos distinguir duas regiões: um núcleo central muito denso, onde estão os prótons e os nêutrons, e uma outra região envolvente, a eletrosfera, onde estão os elétrons. Esses últimos podem ser imaginados, num modelo simplificado do átomo, descrevendo órbitas elípticas em torno do núcleo. Essas partículas que constituem o átomo são dotadas de massa.

Próton e nêutron possuem massa quase iguais, enquanto o elétron é dotado de uma massa que chega a ser quase duas mil vezes inferior à dos outros dois. No entanto, essas massas são muito pequenas e não se poderia pensar que o elétron se mantém em órbita por causa de uma simples força gravitacional. Certamente, existe entre o núcleo e o elétron uma força, muito mais intensa que a gravitacional, responsável pela manutenção dessa órbita elíptica do elétron em torno do núcleo. É a força elétrica.

Vamos agora fazer um breve comentário a respeito da força elétrica. A força de interação entre duas partículas eletrizadas foi determinada e comprovada experimentalmente pelo físico e engenheiro francês Charles Augustin de Coulomb (1736-1806), por meio de uma de suas invenções, a balança de torção. Por uma questão de justiça, cabe expor aqui que a lei de forças foi primeiro inferida por Joseph Priestley, que, por sua vez, repetiu as experiências feitas por Benjamin Franklin (Nussenzveig, 2015).

Na figura abaixo observamos uma balança de torção utilizada para a determinação da eletrização.

Figura 3.8 – Balança de torção

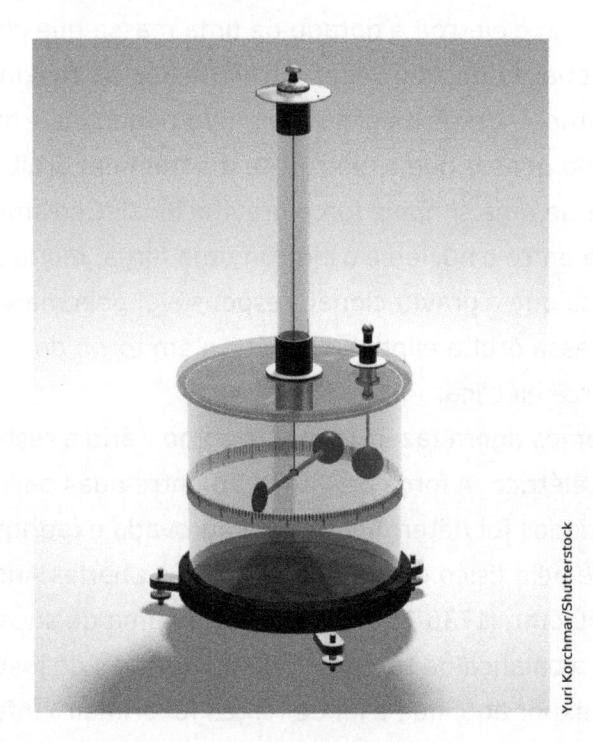

Fonte: Pilatti, 2016, p. 33.

Nos experimentos de Coulomb, as esferas carregadas eram muito menores do que a distância entre elas, sendo assim, as cargas podiam ser consideradas como puntiformes. Coulomb usou o método de carregamento por indução para produzir esferas carregadas igualmente e para variar a quantidade de carga nas esferas. Por exemplo, iniciando com uma carga q_0 em cada esfera ele pôde reduzir a carga para (ó) q_0, aterrando temporariamente uma esfera para descarregá-la e, em seguida, colocando as duas esferas em contato. Os resultados dos experimentos de Coulomb e de outros pesquisadores são resumidos na lei de Coulomb:

> As forças de interação entre duas partículas eletrizadas possuem intensidades iguais e são sempre dirigidas segundo o segmento de reta que as une. Suas intensidades são diretamente proporcionais ao módulo do produto das cargas e inversamente proporcionais ao quadrado da distância entre as partículas. (Pilatti, 2016, p. 34)

Recordemos que se deve entender por partículas os copos de dimensões desprezíveis em comparação com as demais dimensões consideradas. A interação entre partículas eletrizadas manifesta-se através de forças de atração ou de repulsão, dependendo dos sinais das cargas. O módulo da força eletrostática exercida por uma carga q_2 sobre outra q_1 a uma distância r é expresso a seguir.

Figura 3.9 – Duas cargas de mesmo sinal

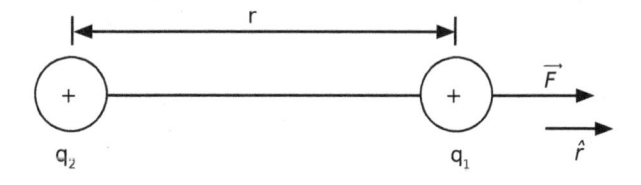

Fonte: Pilatti, 2016, p. 34.

Em termos quantitativos, podemos considerar a força elétrica que age nas duas partículas vistas na Figura 3.9 como sendo

Equação 3.3

$$\vec{F} = k\frac{q_1 q_2}{r^2}\hat{r}$$

Em que k corresponde à constante elétrica, assim calculada:

Equação 3.4

$$k = 9 \times 10^9 N \cdot \frac{C^2}{m^2}$$

Exercício resolvido

Duas partículas carregadas com as cargas elétricas dadas respectivamente por $q_1 = 4\mu C$ e $q_2 = 5\mu C$ estão separadas por uma distância de 1 mm considerando o valor da constante elétrica $k = 9 \times 10^9 N \cdot \frac{C^2}{m^2}$, o valor da força elétrica de repulsão é:

a) 100 N.
b) 120 N.
c) 180 N.
d) 200 N.

Gabarito: c
***Feedback* do exercício em geral**: Por substituição direta dos dados do problema na lei de Coulomb dada pela Equação 3.3, teremos que a força elétrica de repulsão tem o valor de 180 N.

Antes de adentrarmos em um exemplo de uma sequência didática que foi aplicada, temos que ver o último conceito fundamental da eletrostática, o conceito de campo elétrico (Pilatti, 2016). Uma boa comparação faz-se presente para melhor compreendermos o conceito de campo elétrico, essa comparação é feita com o campo gravitacional. Como sabemos, em analogia com a força gravitacional, a força elétrica é uma força de campo, que age mesmo à distância, não havendo necessidade de contato entre os corpos carregados.

Uma maneira de explicar o aparecimento de tais forças é admitindo que uma carga elétrica altera as propriedades dos pontos (região em torno das cargas) do espaço nas suas redondezas, de maneira a sensibilizar cargas próximas. É importante destacar aqui que essa definição é na verdade um conceito matemático de campo vetorial. Desse modo, as cargas que estejam nessa região são capazes de experimentar tais propriedades do "campo elétrico".

A interação entre cargas se dá quando uma partícula se aproxima dessa região em torno das cargas, região que define o campo elétrico. A figura abaixo nos mostra uma representação para o campo elétrico, por meio das chamadas linhas de campo, perceba que as linhas de campo para uma carga positiva estão orientadas de maneira a se afastar da carga, ao passo que para a carga negativa elas tendem a se aproximar da carga.

Figura 3.10 – Linhas de campo elétrico

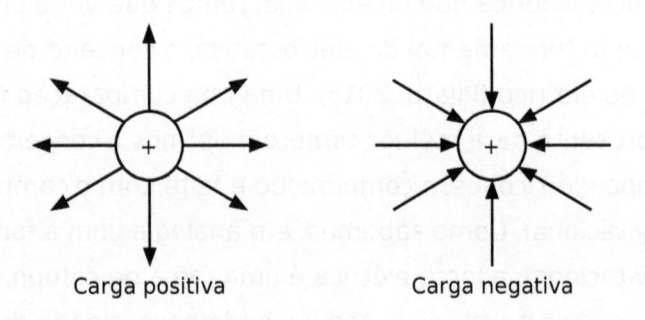

Carga positiva   Carga negativa

Fonte: Pilatti, 2016, p. 35.

Essa propriedade apresenta duas características importantes, dado um ponto *P* qualquer que esteja em uma região muito próxima de uma das cargas existe uma quantidade (capo elétrico) que está relacionada a este ponto *P*, e tem então caráter vetorial, pois dependendo da posição do ponto, a direção da força será determinada por um vetor correspondente. A segunda característica é mais intrigante, essa propriedade vale para o ponto *P*, mesmo que não haja qualquer carga nessa posição, concluímos que essa propriedade não depende da carga que será colocada nessa posição, mais unicamente da carga que a criou.

Esse é, então, o campo elétrico, cuja definição mais precisa pode ser dada por (Pilatti, 2016): uma propriedade associada a uma posição, criada por uma carga Q a certa distância. Essa propriedade determina a intensidade da força que será exercida sobre uma carga unitária, colocada nessa posição. "O campo elétrico é um campo vetorial, já que consiste em uma distribuição de vetores, um para cada ponto de uma região em torno de um objeto eletricamente carregado, como um bastão de vidro" (Halliday, 2012, citado por Pilatti, 2016, p. 37).

Em termos quantitativos, o campo elétrico pode ser calculado pela razão entre a força elétrica e a carga q_0 da partícula:

Equação 3.5

$$\vec{E} = \frac{\vec{F}}{q_0}$$

Exercício resolvido

Uma partícula de carga $q_0 = 20\mu C$ está localizada em uma região muito próxima de uma carga q sabendo que ela sofre a ação de uma força elétrica de 10 N, o valor absoluto do campo elétrico gerado pela partícula de carga *q* é:

a) 5×10^5 N/C.
b) 5×10^3 N/C.
c) 5×10^7 N/C.
d) 5×10^4 N/C.

Gabarito: a
Feedback **do exercício em geral**: Para determinar a intensidade do campo elétrico sentido pela carga, devemos realizar uma substituição direta dos dados na Equação 3.5, sendo assim teremos como resultado 5×10^5 N/C.

Observamos que as linhas de campo para a carga elétrica possuem uma importante propriedade, elas podem estar "saindo" ou "entrando" na carga dependendo do sinal. Esse caso não acontece por exemplo com a massa de um corpo que gera um campo gravitacional.

Para saber mais

As propriedades elétricas dos corpos podem ser analisadas por meio de simulações computacionais. Para ter uma melhor compreensão sobre o tema, acesse o link a seguir e teste algumas funcionalidades:
PHET – Physics Education Technology. Disponível em: <https://phet.colorado.edu/pt_BR/simulations/filter?subjects=work-energy-and-power&type=html&sort=alpha&view=grid>. Acesso em: 7 dez. 2021.

Por definição, o campo elétrico gerado por uma carga pontual varia inversamente com o quadrado da distância que separa a carga de uma carga de teste. Nesse caso, podemos considerar a seguinte relação:

Equação 3.6

$$\vec{E} = k\frac{q}{d^2}\hat{r}$$

Perceba que essa definição mostra um vetor campo elétrico com direção radial, assim como visto na carga elétrica.

Exercício resolvido

Uma partícula de carga $q_0 = 20\mu C$ está localizada em uma região qualquer do vácuo. A intensidade do campo elétrico em um ponto P que se localiza a uma distância de 5 mm da carga é:

a) $2,6 \times 10^7$ N/C.
b) $3,6 \times 10^5$ N/C.
c) $3,6 \times 10^7$ N/C.
d) $3,6 \times 10^6$ N/C.

Gabarito: c

Feedback do exercício em geral: Para determinar a intensidade do campo elétrico em um ponto que se localiza a 5 mm de distância, basta que substituamos os valores dados no problema na Equação 3.6, assim teremos como resultado $3,6 \times 10^7$ N/C.

Um fato experimental de bastante significado físico é que o decaimento do campo é dado com o inverso do quadrado da distância. Sendo assim, como na lei de Coulomb, o campo elétrico no ponto onde a carga se encontra (d = 0) é nulo. Assim, podemos concluir que a carga elétrica não sofre a ação do campo elétrico que ela mesma cria, caso contrário ela poderia acelerar-se sob a ação de uma força elétrica gerada por ela própria, o que viola a Lei da Inércia, que afirma que um corpo não pode, por si só, alterar a sua velocidade. A figura abaixo mostra como é a relação e esse decaimento do campo com a distância.

Figura 3.11 – Relação entre o campo elétrico com a distância

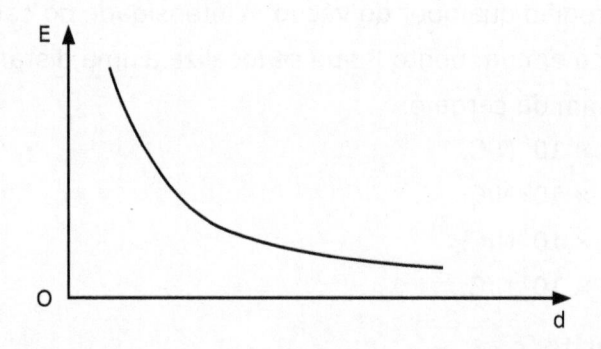

Fonte: Pilatti, 2016, p. 35.

3.4 Proposta de sequência didática

Vejamos agora uma proposta de uma sequência didática (Pilatti, 2016) para estudantes do ensino médio. A eletrostática é a área da eletricidade que se interessa em estudar as cargas elétricas em repouso. De maneira mais geral, como o próprio nome sugere, ela estuda a situação na qual as cargas elétricas, que se encontram distribuídas em determinado objeto, estão em equilíbrio estático v = 0.

Pôr em prática o estudo de eletrostática no ensino médio, em geral, é um grande desafio, pois muitos alunos têm uma grande defasagem no que se refere a leitura, interpretação e aplicação de conhecimentos básicos de matemática. De certa forma, essa realidade demanda uma proposta de ensino com maior participação dos alunos, proporcionando, portanto, um ambiente propício para o processo de aprendizagem.

Partindo de um enfoque lúdico, propomos três possibilidades de atividade:

- Experimentação – a construção de um eletroscópio de folhas – fazendo o papel de organizador prévio, ou seja, servindo como uma espécie de âncora para a nova aprendizagem;
- Texto ilustrado em forma de quadrinhos, dividido em três capítulos: 1) carga elétrica e eletrização; 2) força elétrica; 3) campo elétrico.
- Jogos didáticos, que podem ser:
    - jogo da memória;
    - *quest* eletrostático modelo de apostas;
    - *quest* eletrostático nível perguntas.

A atividade experimental não deve exigir nenhum aparato sofisticado ou caro, sem a necessidade até mesmo de um laboratório de física. A apostila de eletrostática em forma de quadrinhos e os jogos didáticos devem ser redigidos no Word, não precisando de nenhum programa computacional complexo e caro, uma vez que não se sabe das condições financeiras dos estudantes.

Tenha em mente que todo o material é logicamente significativo, ou seja, é não arbitrário e não aleatório (Moreira, 1983); nesse caso, ele deve estar relacionado de forma substantiva, e não arbitrária, às ideias correspondentemente relevantes que se situem dentro do domínio da capacidade humana de aprender. Assim, o objetivo desse produto educacional é proporcionar uma aprendizagem significativa no ensino de física, especificamente em eletrostática.

Vamos agora à sequência didática, ela deve conter os conteúdos referentes à eletrostática, assim como no texto na forma de quadrinhos:

- carga elétrica e eletrização;
- força elétrica;
- campo elétrico.

Os objetivos da sequência didática devem abranger todos os temas que foram aqui tratados no conteúdo de eletrostática:

- compreender os conceitos de carga elétrica, força elétrica e campo elétrico como quantidades físicas necessárias para a descrição dos fenômenos eletrostáticos;
- entender o conceito de força elétrica e campo elétrico e ainda ter a capacidade de representá-los devidamente como as linhas de campo por exemplo;

- justificar o fenômeno da atração e repulsão entre corpos eletrizados e corpos eletrizados e neutros (princípio da atração e repulsão);
- entender e aplicar em várias situações os conceitos de força elétrica e campo elétrico e os princípios a ele relacionados na solução de situações-problema;
- identificar as aplicações tecnológicas em que a força elétrica e o campo elétrico desempenham um papel fundamental.

Ao iniciar a aplicação da sequência didática que tem como objetivo a identificação de conhecimentos prévios, os alunos deverão responder ao Questionário 1, que deve estar em um apêndice no final do trabalho. Em seguida, o professor fará uma breve introdução sobre os modelos atômicos e a estrutura atômica, esse fato é de grande importância, uma vez que tem como objetivo reforçar os conceitos ou as ideias já existentes na estrutura cognitiva de seus alunos.

Em seguida, os estudantes devem receber a história em quadrinhos com o texto ilustrado de eletrostática, e devem ser informados de como será a dinâmica de leitura e do estudo. Concluída a explicação e justificativa, os alunos deverão fazer a leitura individual do primeiro capítulo, Carga Elétrica e Eletrização – após a leitura, o professor inicia sua explanação, aula 6, ao mesmo tempo que vai questionando os alunos referente ao tema tratado no capítulo 1, perguntas como:

- Quais são as partículas que constituem o átomo?
- Descreva o que você entendeu por carga elétrica.
- Quando um corpo se encontra eletricamente neutro? e quando está eletrizado?
- Todas as partículas constituintes da matéria possuem carga elétrica?
- Qual partícula orbita o núcleo do átomo?

Nas aulas posteriores, os alunos devem ser divididos em grupos, cada grupo receberá uma lista de exercícios, essa lista de exercícios tem como objetivo de aprofundar os conceitos estudados do primeiro capítulo do texto (Carga Elétrica e Eletrização). É importante fazer com que os alunos discutam em suas respectivas equipes e somente depois o professor discute os exercícios com os grupos. Na próxima aula, os alunos serão orientados a fazer a leitura individual do capítulo 2 do texto, aquele que trata de força elétrica.

Após a leitura, o professor inicia sua explicação, na aula seguinte deve ser aplicado um questionário aos alunos quanto ao tema tratado no capítulo 2, com perguntas simples, porém que envolvam certa profundidade do tema.

No que diz respeito à aplicação dos jogos didáticos, o professor deve iniciar a aula apresentando os jogos didáticos aos alunos, mostrar seus componentes, explicar suas regras e comentar a importância do uso dos Jogos Didáticos para o ensino de Física. Após a apresentação dos jogos, os alunos são organizados em duplas para jogar o Jogo Quest Eletrostático, modelo apostas, e o Jogo Quest Eletrostático, modelo nível de perguntas.

O restante dos alunos joga o Jogo da Memória.

À medida que os jogos vão acabando, faz-se necessário o rodízio dos alunos para que todos usufruam dos três jogos propostos.

No que diz respeito à avaliação, deve ser solicitado aos alunos que respondam, individualmente, um outro questionário que deve estar em anexo. Esse questionário deve ser constituído em média de quatro questões abertas nas quais os alunos terão a oportunidade de expressar livremente sua compreensão dos conceitos abordados nessa unidade de ensino. Essa atividade deverá ocupar apenas uma aula.

Síntese

- Podemos considerar a aprendizagem significativa como cognitivista e tem como objetivo descrever como ocorre o aprendizado, ou seja, como a mente retém os conteúdos curriculares ministrados em sala de aula ou em outros ambientes.
- Observamos o poder que as histórias em quadrinhos têm no processo de ensino/aprendizagem, esse fato desperta a curiosidade e o interesse do aluno em investigar mais profundamente o tema.
- Os primeiros estudos a respeito das propriedades elétricas dos materiais datam da Grécia Antiga com as investigações de Tales de Mileto, que descobre

o que mais tarde viria a ser o fenômeno de eletrização e força elétrica.

- Desde os milésimos até o ano de 1663, quando ainda não havia conclusão da força elétrica, o alemão Otto von Guericke construiu uma máquina capaz de eletrizar corpos, podemos considerar esse invento como sendo o primeiro gerador eletrostático que se tem notícia.
- Somente no final do século XIX é que efetivamente surge um modelo atômico com o trabalho de J. J. Thomson e seu modelo de "pudim de passas".
- Uma proposta de sequência didática para o ensino de eletrostática é apresentada no final do capítulo como forma de ajudar compreender de qual forma acontece este processo.

Ensino de eletrodinâmica

4

Conteúdos do capítulo:

- Aprendizagem significativa no ensino de física.
- Eletrodinâmica: conceitos e aplicações.
- Sequência didática para o ensino de eletrodinâmica.

Após o estudo deste capítulo você será capaz de:

1. identificar conexões entre a aprendizagem significativa e o ensino de física;
2. compreender algumas sequências didáticas para o ensino de eletrodinâmica.

A melhoria do método de ensino sempre será baseada em uma estrutura mais dinâmica para melhor transmissão do conteúdo aos estudantes. No caso da disciplina de Física, por exemplo, é comum que suas bases didáticas estejam vinculadas a práticas de experimentação em laboratório. O fato é que, de maneira geral, a manutenção de um laboratório demanda um elevado custo financeiro, inviável para a maioria das escolas do país.

Uma vez unificada a teoria em sala de aula aliada à prática de laboratório, tem-se a melhor forma com que o professor dispõe para que o processo de ensino--aprendizagem se concretize de uma forma plena e sólida na mente dos estudantes. Neste âmbito, surgem novos métodos e teorias para melhor desempenho da aprendizagem do estudante, a proposta de sequências didáticas ajuda significativamente o processo de ensino, dando ao professor uma melhor facilidade para trabalhar o conteúdo e, assim, fazendo com que o aluno se torne um ser autônomo e independente.

4.1 Considerações sobre a aprendizagem significativa

Como foi discutido em capítulos anteriores, a disciplina de Física traz em seu escopo informações sobre uma ciência repleta de aplicações e significados, além de estar presente nas diversas situações cotidianas. No entanto, grande parte dos estudantes se mostra desinteressada por seu estudo, que na verdade é tão atraente. Podemos citar inúmeras razões para esse fato, dentre os quais podemos destacar o distanciamento entre os conteúdos escolares e as situações vivenciais dos estudantes e a falta de propostas didáticas voltadas a tornar as aulas mais atrativas e dinâmicas, resumindo, precisa-se de mais experimentos na prática escolar.

Segundo Rosa (2001), o principal problema está na falta de atividades experimentais no ensino de Física, ela ainda dá ênfase ao fato de que isso tem contribuído significativamente para que o ensino desse componente curricular na educação básica desperte pouco interesse dos estudantes e se consolide como uma das disciplinas de maior repúdio entre eles. De acordo com a autora, a Física é uma ciência experimental e, portanto, em seu escopo deve ser envolvido tal recurso didático, além do mais, ela menciona que o uso de atividades experimentais desperta interesse e permite aproximar a ciência da vida cotidiana dos estudantes, tornado o processo de ensino-aprendizagem mais dinâmico.

Outros autores também defendem a mesma linha de pensamento, defendendo a importância da experimentação no ensino de Física. Em um estudo com os professores da rede pública do Paraná, Arruda e Laburú (1998) identificaram possíveis causas para a sua ausência no ensino de Física experimental. Dentre aqueles que foram identificados, eles destacaram a falta de laboratório e de equipamentos didáticos nas escolas e a carga horária excessiva dos professores. Outros fatores de relevância foram o número elevado de estudantes por turma, a necessidade de direcionamento dos conteúdos para os vestibulares e, por último e talvez o mais importante, a falta de preparo dos professores para desenvolver esse tipo de atividade, entre outras razões.

Segundo Borges (2002), a falta de atividades preparadas em ponto de uso para o professor pode ser considerada uma das barreiras para que tais atividades cheguem à escola. De maneira geral, não é apenas as atividades experimentais que têm se mostrado ausentes no ensino de Física e contribuído para dificultar a compreensão dessa disciplina, mas também o pouco uso que as tecnologias educacionais têm na perspectiva da literatura nacional, contribuído para agravar o quadro.

> Visto por muitos como um remédio para todos os males e por outros tantos como um modismo passageiro, os computadores estão onipresentes na maior parte das áreas do conhecimento humano, desde a construção de usinas atômicas à elaboração de uma simples planilha para o controle do orçamento doméstico. No ensino de Física não é diferente. (Araujo; Veit, 2004, p. 5)

Um fato importante que deve ser mencionado é que não basta apenas ofertar uma gama de atividades experimentais para professores ou mesmo dispor de um conjunto de simuladores ou outras tecnologias, é necessário sobretudo que elas estejam estruturadas de uma maneira a propor um conjunto de ações alicerçadas e embasadas em referenciais teóricos que as tornem significativas e contribuam para o processo de construção dos conhecimentos.

Nesse aspecto, segundo Alves Filho (2000), a experimentação precisa estar relacionada ao fazer pedagógico do professor, e não ser uma atividade à parte do processo de ensino-aprendizagem. Para o autor, essa prática deve

> estar presente no momento em que se fizer necessária uma apropriação junto à natureza de eventos ou fenômenos que, manipulados artificialmente por meio do trabalho cognitivo e dos parâmetros já negociados coletivamente, permitam construir uma teoria que dê conta dos objetivos iniciais. (Alves Filho, 2000, p. 263)

É praticamente impossível realizar qualquer estudo no que diz respeito à melhoria do ensino, sem comentar a aprendizagem significativa e suas consequências, assim, para adentrar na temática sobre a aprendizagem em Física, é preciso apresentar alguns referenciais que permitam compreender o entendimento que se tem sobre como a aprendizagem acontece e como o estudante constrói seus conhecimentos.

Um ponto importante nesse processo é a capacidade de enxergar cada educando como um ser capaz de sentir-se como parte essencial do seu próprio saber, isso gera um processo de autodescoberta. Nesse sentido, para o educador é fundamental saber compartilhar, ser afetivo, buscar conhecimentos e produzir dentro do contexto dos educandos, ou seja, descortinar o universo escolar, tendo consciência de que eles não apenas são seres passivos, mas sim sujeitos portadores de sua própria história, com experiências sociais, culturais e afetivas que lhes permitem diferentes acúmulos de saberes.

Segundo Moreira (1999, p. 2), a aprendizagem defendida pelos cognitivistas é expressa da seguinte forma: "A aprendizagem é um processo que envolve a interação da nova informação com os conhecimentos que o indivíduo possui em sua estrutura cognitiva". Isso significa que, para o processo de construção do conhecimento, torna-se fundamental identificar o que o estudante já sabe, ou seja, quais seus conhecimentos anteriores.

Ausubel (2003, citado por Moreira, 1999), que trouxe à tona esse conceito de aprendizagem, nos alerta para a importância de identificar os conhecimentos que o estudante já construiu, como forma de buscar neles uma ancoragem para os novos conhecimentos. No entanto, ele afirma que o estudante não é capaz de modificar os seus conhecimentos de forma simples, faz-se necessário para esse objetivo uma reflexão específica sobre o que ensinar e o porquê ensinar, e não apenas transferir conceitos ou oportunizar princípios extraídos de outras situações ou contextos de aprendizagem.

Na busca por uma forma de aprendizagem significativa, Ausubel (2003, citado por Moreira, 1999) destaca dois requisitos: o primeiro, que o estudante tenha em si uma predisposição para aprender, ou seja, que ele queira aprender; segundo, que o material de ensino seja potencialmente significativo, tendo um real significado para o estudante, podemos considerar nesse caso um material que seja elaborado de maneira que seu conteúdo esteja mais ligado aos fatos e sua vida cotidiana. O exposto por Ausubel (2003, citado por Moreira, 1999) vem ao encontro do desejo deste estudo, que é de proporcionar aos estudantes uma aprendizagem em Física que desperte neles o interesse pela Ciência e que os estimule a continuar aprendendo. É esse fato que o caráter motivacional da aprendizagem se torna, nesse contexto, um elemento essencial para o professor que busca uma aprendizagem significativa.

De maneira a fornecer ao ambiente escolar conteúdos que despertem o interesse dos estudantes, Moreira (1999) mostra que cada um faz uma seleção dos conteúdos que têm significado, ou não, para si, e para que aprenda é necessário que ele encontre sentido no que está aprendendo. Para isso, é necessário partir dos conceitos que o estudante possui, das experiências que tem e relacionar entre si os conceitos aprendidos. No momento da seleção e com vistas a tornar a aprendizagem mais significativa para os estudantes, Ausubel (2003, citado por Moreira, 1999) ressalta também a importância de que os conteúdos sejam definidos de forma a respeitar uma ordem hierárquica. Nesse sentido, ele considera a diferenciação progressiva como aspecto essencial para a estruturação dos conteúdos curriculares.

Moreira (2011) defende a ideia de que diferenciação progressiva é a responsável pela necessidade de os conteúdos iniciarem por aspectos mais gerais, caminhando na direção do aprofundamento do conteúdo. Nessa mesma linha de pensamento, o autor ainda mostra a necessidade de que na continuidade ocorra momentos de conexão entre esses conteúdos, denominada de "reconciliação integrativa", que nos leva aos conhecidos subsunçores, previamente abordados.

Em linhas gerais, esse "subsunçor" traz o fato de que o conhecimento no qual o novo vai assentar-se e fornecer as condições primeiras para que a aprendizagem se torne significativa para o estudante.

Por vezes, subsunçores não estão disponíveis e prontos a ancorar o novo conhecimento, resultante, de acordo com Ausubel, citado por Moreira (1999), da necessidade de criar elementos que pudessem servir para organizar a aprendizagem, o que ele denomina de "organizador prévio". Esse, de acordo com Moreira (1999), tem o objetivo de facilitar a aprendizagem significativa, sendo entendido como recurso a ser proposto antes da utilização do material de aprendizagem, servindo de ponte entre o conhecimento prévio e o assunto que se pretende ensinar:

> a principal função do organizador prévio é a de servir de ponte entre o que o aprendiz já sabe e o que ele deve saber, a fim de que o material possa ser aprendido

de forma significativa, ou seja, organizadores prévios são úteis para facilitar a aprendizagem na medida em que funcionam como "pontes cognitivas". (Moreira, 1999, p. 155)

De maneira geral, como vimos anteriormente, há o tipo de aprendizagem que pode ser considerado uma contrapartida à aprendizagem significativa. Conforme cita Ausubel (2003) o uso da aprendizagem mecânica é necessário quando o aluno não dispõe, em sua estrutura cognitiva, de ideias que facilitem a conexão entre esta e a nova informação, ou seja, quando não existem ideias prévias que possibilitem essa conexão.

É um fato observado continuamente que o ensino de física concretiza-se por meio da apresentação de conceitos e conteúdos, leis e fórmulas de uma maneira totalmente deslocada e de certa forma distante da realidade sentida pelos alunos e professores e não somente vazios de significado. De maneira geral, a utilização de fórmulas em situações artificiais, desconecta a linguagem matemática de seu significado físico efetivo, bem como a insistência de solução por meio de exercícios repetitivos, com a pretensão que o aprendizado ocorra pela automatização ou memorização, e não pela construção do conhecimento através das competências adquiridas.

Nesse âmbito, o professor passa a apresentar o conhecimento como um produto acabado, isso faz com que os alunos acreditem que não resta mais nenhum problema significativo a resolver, sem contar com a lista de conteúdos extremamente extensa, o que dificulta o aprofundamento indispensável e a instauração de um diálogo construtivo. Ultrapassar essa realidade é buscar desenvolver um ensino de Física mais eficiente, que demande dos professores, além do conhecimento da disciplina e disponibilidade para estudar o universo do aluno, fundamento teórico-educacional, que permitam compreender as dificuldades, necessidades e potencialidades dos estudantes, além da organização de atividades, que resulte no desenvolvimento de uma aprendizagem significativa.

Podemos considerar a Física como uma das mais antigas, se não a mais antiga das ciências, e seu estudo leva os alunos a ficarem de frente com situações reais e concretas que estão lado a lado com o seu cotidiano, pois abrange investigações que envolvem a estrutura molecular chegando à origem e evolução do universo, assim, seus princípios são capazes de explicar uma grande quantidade de fenômenos que ocorrem no dia a dia. Nesse aspecto, podemos concluir que o estudo da Física fornece o conhecimento e a compreensão sobre a natureza em que se vive e com o mundo tecnológico em constante mudança.

No que tange às dificuldades para o ensino de Física, quando se avalia o método tradicional o grande desinteresse do aluno pelo que está sendo ministrado, começa quando o professor exige que ele memorize fórmulas ou conceitos por meio da simples repetição de exercícios, o que aumenta o desestímulo do aluno em sua aprendizagem.

É nesse âmbito que Vygotsky (1987) defende a ideia de que o mecanismo de formação de conceitos esteja relacionado com o pensamento e a linguagem, em se discutindo sobre o ambiente escolar, acontece por meio da transmissão do conhecimento, ocorrendo de forma diferenciada na aprendizagem do dia a dia, porém, as potencialidades do aluno devem ser sempre levadas em consideração durante o processo de ensino-aprendizagem. Segundo ele, é a partir do contato com o professor ou qualquer outra pessoa com conhecimentos e com o quadro histórico-cultural que essas potencialidades do aluno são transformadas em situações processuais cognitivos ou comportamentais.

De acordo com Tartuce, Nunes e Almeida (2010), assim como a aprendizagem eleva o desenvolvimento, o ambiente escolar necessita também de certo modo ser essencial para a construção do educando no aspecto psicológico, fazendo com que o aluno se torne pensante, para isso tornam-se importantes os estágios básicos ainda não incorporados pelas crianças, assim como considerar o nível de desenvolvimento real do aluno para que possam ser traçadas metodologias, buscando alcançar os objetivos finais para cada etapa em sala de aula. Nesse caso, o papel do professor torna-se fundamental, pois os seus incentivos em relação aos avanços farão a diferença, pois não seriam possíveis naturalmente.

Nos últimos 40 anos, por meio de uma profunda pesquisa educacional, foram sendo acumulados dados que foram responsáveis por possibilitar exames sobre a evolução do ensino, a prática do ensino da física e as necessidades do ensino da física básica no país (Pena; Ribeiro Filho, 2008):

- as falhas conceituais, a ausência de conteúdos
e a falta de habilitação para o ensino laboratorial por parte dos professores de Física;
- a redução na taxa de formados bacharéis
e licenciados em Física;
- pequena carga horária destinada às disciplinas científicas e excessivo
- número de alunos em classe, além da defasagem de laboratórios de ciências e de bibliotecas com acervo apropriado;
- a ausência de troca de experiências didáticas bem-sucedidas em função da fraca interação entre
os professores de Física;
- a ausência de incremento nas universidades
de programas de capacitação em serviço para professores do ensino médio assim como
a preocupação com a formação científica
e pedagógica dos docentes, sem contar com a falta de objetividade na definição da orientação/diretriz do ensino de Física básica.

No que diz respeito à importância da experimentação como recurso para o processo de ensino-aprendizagem na disciplina de Física, está defendida e justificada por diversos autores, entre eles Piaget (1978), que cita a necessidade de que essas atividades sejam desenvolvidas desde a idade pré-escolar como forma de estimular o desenvolvimento cognitivo das crianças. Esse fato está justificado uma vez que é na experimentação que o aluno vivencia as práticas do seu cotidiano. Segundo o autor, o trabalho em grupo como forma de cooperação, a manipulação de materiais, a realização de jogos educativos por exemplo, não apenas favorece o desenvolvimento da criança e fomenta a sua curiosidade, mas também contribui para o desenvolvimento da consciência reflexiva.

Nesse processo, ele destaca que desde os três anos as crianças deveriam ser submetidas a um ensino das ciências naturais, tendo por base uma metodologia ativa e manipulativa de materiais simples, envolvendo noções gerais e básicas relacionadas com o dia a dia, como são as de ser vivo, força, velocidade etc. Desse modo, cada estudante deve ser submetido, desde a escola primária, a um ensino que lhe permita procurar soluções para questões práticas através de experiências, refletindo ao mesmo tempo sobre os procedimentos efetuados por ele e pelos seus colegas. As atividades experimentais são úteis para desenvolver as funções de conhecimento, de representação e afetivas.

Em paralelo à mesma ideia, Vygotsky (1999), por sua vez, frisa a importância das atividades experimentais na construção dos conhecimentos, dando enfoque para a importância da interação social, dos instrumentos, bem como os símbolos e as expressões pelos estudantes durante o desenvolvimento dessas atividades. Os problemas oferecidos pelas atividades experimentais remetem os estudantes a um processo de interação com seus colegas, ao uso da linguagem e dos símbolos como instrumentos de ação na busca pela execução da atividade.

Observando essas ideias, concluímos que isso favorece o desenvolvimento das funções psíquicas superiores, em especial das operações sensório-motoras e de atenção. Esse fato possibilita que os estudantes não apenas conheçam o mundo pelos seus olhos como também através da linguagem e de todos os sistemas simbólicos com que se comunicam com o mundo, com sua realidade.

4.2 Introdução ao estudo da eletrodinâmica

Nesse ponto, iremos apresentar alguns tópicos do conteúdo de eletrodinâmica como base para mostrarmos, ao final, uma proposta de sequência didática para esse tema. No entanto, veremos algumas ideias de autores que trazem grande contribuições para a prática de ensino de física no ensino médio.

Segundo Máximo e Alvarenga (2006), o ensino dos conteúdos de eletrodinâmica e da Física como um todo, na educação básica, principalmente na rede pública, é repleto de deficiências, como a falta de recursos, a redução do número de aulas da disciplina e a baixa remuneração do professor. Tudo isso contribui para o desenvolvimento de um modelo de ensino frequentemente desmotivante e distante da proposta dos PCN.

> o estudo da eletricidade deverá centrar-se em conceitos e modelos da eletrodinâmica e do eletromagnetismo, possibilitando, por exemplo, compreender por que aparelhos que servem para aquecer consomem mais energia do que aqueles utilizados para comunicação, dimensionar e executar pequenos projetos residenciais, ou, ainda, distinguir um gerador de um motor. Será também indispensável compreender de onde vem a energia elétrica que utilizamos e como ela se propaga no espaço. (Brasil, 2002, p. 76)

Hoje em dia boa parte do discurso que envolve o ensino de ciências está voltado para questões como: ensino focado no aluno, diminuição da distância entre teoria e prática, utilização de recursos tecnológicos no ambiente educacional, ensino problematizado, interdisciplinaridade, ensino para a vida, entre outros, no entanto, observa-se que na maioria das salas de aulas convencionais é um ensino metódico que se baseia exclusivamente na utilização do livro didático.

Nesse aspecto, o que se observa é que o ensino dos conteúdos de eletrodinâmica, considerando que nem sempre são vistos, em função da redução na quantidade de aulas de Física, ocorre quase sempre pela explicação oral do conteúdo pelo professor, com resolução de questões do livro didático, o que para alunos torna-se desinteressante e pouco útil e contribui para que os estudantes desenvolvam aversão à disciplina de Física.

Eletrodinâmica é a área da Física que se destina ao estudo das cargas elétricas em movimento. Sendo assim, o desenvolvimento do citado estudo tem como alicerce aqueles conhecimentos já estabelecidos no conteúdo de eletrostática são conhecidos e tratados como conceitos estruturais. Esse campo de estudo é bastante amplo, compreendendo a maioria dos fenômenos elétricos vivenciados diariamente pelas pessoas.

A eletrodinâmica investiga as correntes elétricas, suas causas e os efeitos que ocasionam no circuito por onde passam os portadores de carga elétrica que são de fundamental importância no mundo moderno, sua aplicação está presente em nosso cotidiano de forma praticamente constante. Estão presentes e ativas nos diversos sistemas de iluminação residenciais e urbanos, nas indústrias, nos eletrodomésticos, nos computadores, nos veículos automotores, nos aparelhos de comunicação, entre outros.

Nesse âmbito, para mensurar a relevância do assunto, basta imaginar o caos que ocorreria se todas as fontes de energia elétrica parassem de funcionar, indubitavelmente, a sociedade entraria em colapso. Um fio condutor sem ligação com uma bateria ou uma fonte de tensão não possui uma corrente. Isso porque não existem forças atuando sobre os elétrons de condução do condutor. Porém, ao introduzir uma bateria ou fonte, o condutor não permanece mais sob um mesmo potencial. Campos elétricos em seu interior exercem forças sobre os elétrons de condução estabelecendo uma corrente.

Na Figura 4.1, temos a representação de um fio condutor sendo atravessado por uma corrente elétrica.

Figura 4.1 – Corrente elétrica em um fio condutor

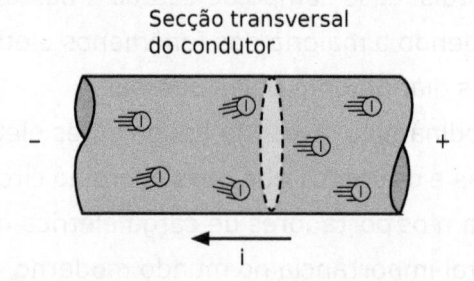

Fonte: Souza, 2020, p. 35.

Podemos considerar que a corrente elétrica *i* mede quantitativamente a carga líquida que passa em um dado ponto de um condutor elétrico em um dado tempo, dividido por esse tempo. Destacamos que o movimento aleatório de elétrons em um condutor metálico não cria de maneira nenhuma uma corrente, apesar de grandes quantidades de carga ultrapassarem um dado ponto, porque não há fluxos de carga líquida. Se a carga líquida dq passar um ponto durante o tempo dt, a corrente nesse ponto será por definição,

Equação 4.1

$$i = \frac{dq}{dt}$$

A quantidade líquida de carga Δq que passa por um determinado ponto no intervalo de tempo $t = dt$ é a integral da corrente em relação ao tempo, é válido destacar aqui que a integral é dada quando estamos analisando um intervalo de tempo infinitesimal e de forma contínua. Nesse caso, deveremos ter a seguinte relação:

Equação 4.2

$$\Delta q = \int dq$$

Equação 4.3

$$\Delta q = \int dq = \int_{t}^{t+dt} i\, dt$$

Uma característica universal de boa parte dos fenômenos da natureza é a conservação, nesse caso, podemos concluir que para a carga elétrica ocorre o mesmo, ou seja, carga total se conserva, o que implica que a carga que atravessa um condutor nunca se perde. Assim, a mesma quantidade de carga que se desloca para uma extremidade de um condutor emerge da outra no final.

A unidade no Sistema Internacional de Unidades (SI) de corrente é o ampère (A), nome oferecido em homenagem ao físico francês André Marie Ampère (1775-1836).

Dizemos que uma corrente é estacionária quando ela minimiza a energia dissipada, ou seja, a corrente elétrica é a mesma em qualquer plano que intercepta o condutor.

Figura 4.2 – Conservação da carga

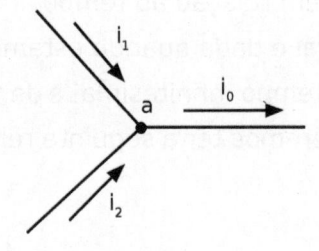

Fonte: Souza, 2020, p. 36.

Todas as vezes que temos uma situação onde a corrente se soma no nó "a", de acordo com a Figura 4.2, pela conservação da carga, as intensidades das correntes que saem do nó "a" devem se somar, resultando na intensidade da corrente no condutor original i_0:

Equação 4.4

$$i_0 = i_1 + i_2$$

Nos materiais condutores a corrente i_0 as cargas livres são os elétrons e estes se movem livremente através do condutor a velocidades muito elevadas. Em temperatura ambiente a velocidade média dos elétrons é da ordem de 10^6 m/s. Sob condições normais, o movimento dos elétrons em um metal é aleatório. Se considerarmos uma secção transversal de um fio metálico, existem elétrons se movimentando em todas as direções e sentidos, não existindo assim um fluxo líquido de elétrons.

Quando é necessário manter uma corrente em um condutor, devemos manter continuamente um campo elétrico ou um gradiente de potencial. Para isso, faz-se necessário conectá-lo a uma bateria. Os elétrons são atraídos na direção do terminal positivo e são repelidos do terminal negativo. O resultado é que existe um fluxo líquido de elétrons nesse caso. Quando um condutor é ligado à bateria, os elétrons movem-se do terminal negativo para o positivo. O mesmo ocorre com um fluxo de elétrons, por convenção o fluxo de corrente é definido como o movimento de cargas do terminal positivo para o negativo, este é o sentido convencional de corrente.

Sabemos que, em um fio, não há movimento das cargas positivas (núcleo atômico), apenas os elétrons se movem, esse sentido é denominado de sentido eletrônico da corrente. Todas as vezes que o sentido do campo elétrico for mantido, mesmo variando sua intensidade, a corrente é denominada *contínua* (CC). Quando o sentido do campo se inverte periodicamente, o sentido da circulação de cargas também se inverte, e a essa corrente dá-se o nome de *alternada* (CA).

Vamos investigar agora um importante conceito no estudo da eletrodinâmica, o conceito de densidade de corrente $\vec{J}$. Considere uma corrente que flui em um condutor. Para um plano perpendicular do condutor, a corrente por unidade de área que flui através do condutor (Figura 4.3) é a densidade de corrente $\vec{J}$, a direção de $\vec{J}$ definida como a direção da velocidade das cargas positivas (ou oposta à direção da carga negativa cargas) atravessando o plano.

Figura 4.3 – Densidade de corrente

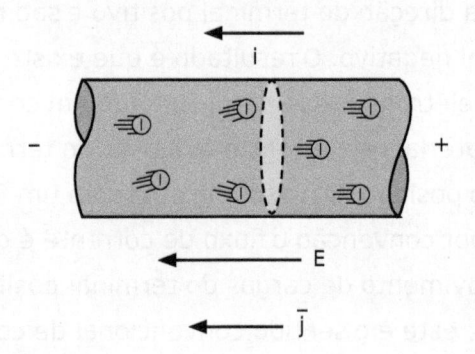

Fonte: Souza, 2020, p. 38.

No plano, a corrente flui com a seguinte expressão:

Equação 4.5

$$i = \int \vec{J} \cdot d\vec{A}$$

Em que dA é o elemento de área do plano perpendicular. Se a corrente é uniforme e perpendicular ao plano, então $i = jA$, e a magnitude da densidade da corrente pode ser expressa como:

Equação 4.6

$$J = \frac{i}{A}$$

Em um condutor que não carrega corrente, os elétrons de condução se movem aleatoriamente. Quando a corrente flui através do condutor, os elétrons ainda se movem aleatoriamente, mas também tem o que é chamada de velocidade de deriva $\vec{v}_D$ adicional que possui a direção oposta àquela do campo elétrico. A magnitude da velocidade do movimento aleatório é da ordem de 10^6 m/s, enquanto a magnitude da velocidade da deriva é da ordem de 10 a 4 m/s ou até menos. Com uma velocidade de deriva lenta, poderíamos perguntar porque uma luz se acende quase que imediatamente após ligar um interruptor? a resposta, é claro, é que o interruptor estabelece um campo elétrico quase imediatamente em todo o circuito (com uma velocidade da ordem de 10^8 m/s), ou seja, à velocidade da luz, isso faz com que os elétrons livres de todo o circuito (inclusive na lâmpada) passem a se mover de forma praticamente instantânea.

O que é?

O que vem a ser por definição um circuito elétrico? Podemos considerar um circuito elétrico como um dispositivo composto por elementos que tem por objetivo principal o de transportar a corrente elétrica de um terminal a outro. Os circuitos elétricos estão intimamente ligados a nosso cotidiano, desde os mais complexos, como placas de computador por exemplo, até os mais simples como uma pilha.

Certos materiais apresentam algumas propriedades interessantes, alguns conduzem eletricidade melhor que outros. Um fato importante é que a aplicação de uma dada diferença de potencial em um material considerado um bom condutor como o cobre resulta em uma corrente relativamente grande; aplicar a mesma diferença de potencial em um isolante de eletricidade produz pouca corrente. Chamamos de resistividade ρ a medida de quão fortemente um material se opõe ao fluxo de corrente elétrica. A resistência R é considerada, dessa forma, a oposição de um material ao fluxo de corrente elétrica.

Toda vez que aplicamos uma diferença de potencial elétrica conhecida, V, através de um condutor (algum dispositivo ou material físico que conduz corrente) e a corrente resultante *i* for medida, a resistência elétrica desse condutor é dada por definição como sendo:

Equação 4.7

$$R = \frac{V}{i}$$

No SI, a unidade de resistência é o volt por ampère, que recebeu o nome de ohm e símbolo Ω (letra grega ômega maiúscula), em homenagem ao físico alemão Georg Simon Ohm (1789-1854):

Equação 4.8

$$1\Omega = \frac{1V}{1A}$$

Podemos expressar a corrente em termos da resistência de acordo com a Equação 4.7, assim teremos que:

Equação 4.9

$$i = \frac{V}{R}$$

Essa equação na verdade nos mostra que, para uma dada diferença de potencial V a corrente i é inversamente proporcional à resistência R. Essa equação é comumente referida como Lei de Ohm. Um rearranjo, V = Ri, às vezes também é chamada de Lei de Ohm.

Um condutor cuja função em um circuito é fornecer resistência específica, é denominado resistor, cujo símbolo é apresentado a seguir.

Figura 4.4 – Resistor

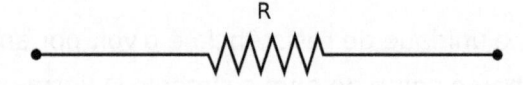

Fonte: Souza, 2020, p. 40.

Um fato que foi mencionado anteriormente é que a resistência elétrica é uma quantidade que depende do material de que o mesmo é feito, bem como sua geometria. Como afirmado anteriormente, a resistividade de um material caracteriza quanto o material em questão opõe-se ao fluxo de corrente. A resistividade é uma grandeza definida em termos da magnitude do campo elétrico aplicado, e a magnitude da densidade de corrente resultante J:

Equação 4.10

$$\rho = \frac{E}{J}$$

Na tabela a seguir podemos ver a resistividade de alguns materiais.

Tabela 4.1 – Resistividade

Material	Resistividade $\rho(\Omega m)$
Prata	$1{,}62 \times 10^{-8}$
Cobre	$1{,}69 \times 10^{-8}$
Ouro	$2{,}44 \times 10^{-8}$
Alumínio	$2{,}75 \times 10^{-8}$
Silício	$2{,}5 \times 10^{3}$
Vidro	10^{4}

Muitos materiais são especificados em termos de uma outra quantidade definida, como o inverso da resistividade essa quantidade é conhecida como condutividade elétrica:

Equação 4.11

$$\sigma = \frac{1}{\rho}$$

Preste atenção!

Como vimos, o inverso da resistividade é a condutividade, enquanto a primeira nos fornece a informação de quanto de resistência o movimento de cargas um certo material possui, a segunda nos diz exatamente o inverso, o quanto um certo material conduz com maior facilidade um movimento de cargas.

No Sistema Internacional de Unidades da condutividade elétrica é o $(\Omega m)^{-1}$. Podemos determinar a resistência elétrica usando um outro argumento, podemos determinar a resistência de um condutor através da sua resistividade e da sua geometria. Para um condutor homogêneo de comprimento L e área de seção transversal constante A, a equação que envolve uma diferença de potencial é dada por:

Equação 4.12

$$\Delta V = \int \vec{E} \cdot d\vec{S}$$

que pode ser usada para relacionar o campo elétrico $\vec{E}$ e a diferença de potencial, ΔV através do condutor de acordo com

Equação 4.13

$$E = \frac{\Delta V}{L}$$

Um fato importante e que merece nossa observação é que, diferentemente do caso eletrostático, em que a superfície de qualquer condutor é uma superfície equipotencial e não possui campo elétrico no interior e nenhuma corrente flui através dele, o condutor nessa situação faz com que a corrente flua livremente. A intensidade da densidade da corrente é a dividida pela área da seção transversal:

Equação 4.14

$$J = \frac{i}{A}$$

Podemos trabalhar com as equações anteriores e reorganizá-las de maneira que encontremos uma equação para a resistência de um condutor em termos da sua resistividade, do seu comprimento e da sua área da seção transversal, assim teremos que:

Equação 4.15

$$R = \rho \frac{L}{A}$$

Exercício resolvido

Como vimos, existe uma relação entre o comprimento do resistor, a sua área e a resistividade se considerarmos que aumentamos o comprimento do resistor e deixamos constante sua área e resistividade. Assim, podemos considerar que:

a) A resistividade do resistor aumenta.
b) A resistência diminui.
c) A resistência elétrica aumenta.
d) A condutividade aumenta.

Gabarito: c
Feedback do exercício em geral: Observamos diretamente pela Equação 4.15 que com o aumento do fio e permanecendo as outras quantidades constantes a resistência elétrica tende a aumentar.

Vamos a partir de agora investigar de forma mais detalhada alguns elementos e propriedades dos circuitos elétricos, começando pelo resistor. O resistor é um condutor com uma resistência específica, é um elemento do circuito que não varia a resistência ao mudar a polaridade e a diferença de potencial. No entanto, existem outros tipos de dispositivos que apresentam resistência elétrica dependente da diferença de potencial aplicada como mostrado nas duas situações do Gráfico 4.1.

Gráfico 4.1 – Relação entre a corrente elétrica e a diferença de potencial – exemplo 1

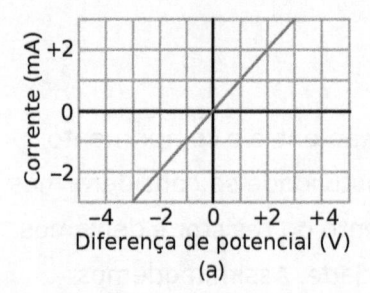

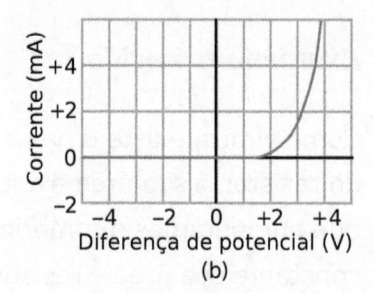

Fonte: Souza, 2020, p. 35.

Segundo a lei de Ohm, toda corrente fluindo através de um dispositivo é diretamente proporcional à diferença de potencial aplicada no dispositivo. Um dispositivo condutor obedece a lei de Ohm quando sua resistência é independente do valor e da polaridade da diferença de potencial aplicada.

Equação 4.16

$$\vec{E} = \rho \vec{J}$$

É importante destacar que todo material condutor obedece a lei de Ohm quando sua resistividade não depende do módulo, do sentido e da direção do campo elétrico aplicado.

Vejamos agora a energia e a potência em um circuito, para isso vamos considerar um circuito constituído de um fio de resistência desprezível, uma bateria e um dispositivo condutor não especificado, como mostra a Figura 4.5.

Figura 4.5 – Relação entre a corrente elétrica e a diferença de potencial – exemplo 2

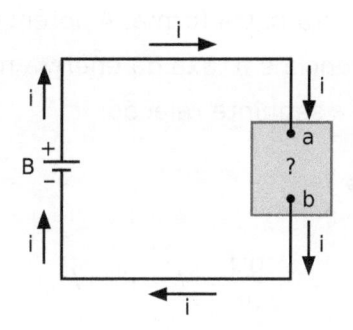

Fonte: Souza, 2020, p. 36.

No circuito anterior, a bateria representada por *B* mantém uma diferença de potencial *V*, estando o terminal a com um potencial maior que *b*. Uma corrente *i* é também estabelecida no circuito e, nesse caso, a quantidade de carga que flui em um intervalo de tempo será igual a seguinte relação:

Equação 4.17

$$dq = idt$$

Esse mesmo elemento infinitesimal de carga *dq* sofre uma diminuição de potencial de módulo *V* e daí sua energia potencial diminui, em módulo, da quantidade:

Equação 4.18

$$dq = dqV \rightarrow dq = iVdt$$

Pela conservação da energia, temos que o decréscimo na energia potencial é acompanhado pela transferência dessa energia para outra forma. A potência P associada a essa transferência é a taxa da energia no tempo, sendo assim teremos a seguinte relação:

Equação 4.19

$$\frac{dU}{dt} = iV \rightarrow P = iV$$

A potência P pode ser interpretada como a taxa de transferência de energia da bateria para o dispositivo. No SI a unidade da potência é o volt-ampère (VA) ou o watt (W). Se temos um resistor, podemos recombinar as equações anteriores de modo que a taxa de transferência de energia seja definida como:

Equação 4.20

$$P = \frac{V^2}{R}$$

Todas as vezes que é estabelecida uma corrente elétrica em um circuito, faz-se necessária uma diferença de potencial aplicada. Essa diferença de potencial, ou uma ddp, realiza trabalho sobre os portadores de carga, no entanto é necessário que haja um dispositivo que mantenha essa ddp fornecendo uma força eletromotriz ε, ou simplesmente fem. Tal dispositivo, por exemplo, é uma bateria, como mostra a Figura 4.6.

Figura 4.6 – Relação entre a corrente elétrica e a diferença de potencial – exemplo 3

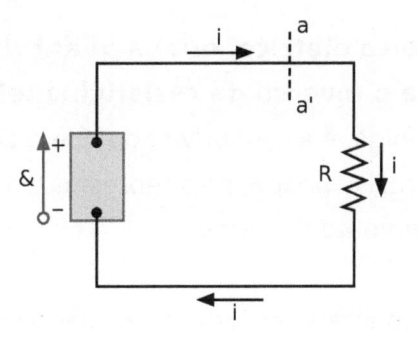

Fonte: Souza, 2020, p. 38.

É válido destacar que esse dispositivo realiza trabalho sobre um elemento de carga dq o que o força a se mover. Dessa forma, a definição de fem é dada por:

Equação 4.21

$$\varepsilon = \frac{dW}{dq}$$

A fem é também considerada como o trabalho realizado por unidade de carga necessária para mover a carga de um potencial mais baixo para o potencial mais alto. No SI, a unidade é o J/C ou o V. Observa-se que um gerador ideal de energia elétrica é aquele que não proporciona qualquer resistência interna ao movimento de cargas de um terminal a outro. Se temos geradores reais, este, por sua vez, proporciona resistência interna ao movimento das cargas.

Perguntas & respostas

Em um circuito elétrico, qual a quantidade é considerada o inverso da resistividade?
Como foi definido, é a condutividade que é considerada o inverso da resistividade, pois representa o quão livre ocorre o movimento de cargas.

Se estamos interessados em calcular a corrente elétrica em circuitos, devemos inicialmente analisar o método da energia para determinar tal corrente. Por base na Equação 4.21, podemos ver a corrente de forma implícita e analisarmos em um intervalo de tempo dt, uma quantidade de energia dada por obtida por i^2Rdt que aparece no resistor sob a forma de energia térmica.

Nesse intervalo dt uma carga dq = idt se desloca através da bateria que terá realizado um trabalho igual a:

Equação 4.22

$$dW = \varepsilon dq$$

Podemos interpretar essa quantidade como sendo o trabalho dado em termos do potencial elétrico $V = \dfrac{W}{q}$ ainda usando o fato que a densidade de carga pode ser definida por dq = idt, temos:

Equação 4.23

$$dW = \varepsilon i dt$$

Usando a definição de potência,

Equação 4.24

$$P = \frac{dE}{dt}$$

E considerando que e = W, teremos ainda que:

Equação 4.25

$$P = \frac{dW}{dt} \rightarrow P = i^2 R dt$$

Outra forma de interpretar a fem é considerando-a como a energia por unidade de carga transferida pela bateria às cargas em movimento. A grandeza Ri é a energia transferida pelas cargas em movimento ao resistor sob a forma de energia térmica,

Equação 4.26

$$i = \frac{\varepsilon}{R}$$

Se analisarmos qualquer ponto em um circuito, quando somamos as diferenças de potencial e retomamos ao ponto inicial devemos encontrar o mesmo valor da diferença de potencial fornecida pela fonte. Isso é válido também para qualquer circuito fechado formado por muitas malhas.

Exercício resolvido

Um circuito é constituído por uma fonte de um resistir, sabendo que a fonte possui uma força eletromotriz de 60 V e que uma corrente de 2 a passa por ele, a resistência do resistor é igual a:

a) 30 Ω.
b) 40 Ω.
c) 50 Ω.
d) 60 Ω.

Gabarito: a
***Feedback* do exercício em geral**: Podemos determinar a resistência do resistor pela Equação 4.26 substituindo os dados do problema, assim encontramos que a resistência é de 30 Ω.

Uma regra importante no estudo dos circuitos é que se faz necessária sua explicitação, na verdade se trata da famosa Lei de Kirchhoff, esta lei afirma o seguinte: a soma algébrica das variações de potencial encontradas ao longo de uma malha fechada de qualquer circuito deve ser nula (Pilatti, 2016). Como exemplo, pode-se aplicar a Lei de Kirchhoff em um circuito de malha única, como visto na Figura 4.7, composta apenas por uma bateria e um resistor.

Figura 4.7 – Relação entre a corrente elétrica e a diferença de potencial – exemplo 4

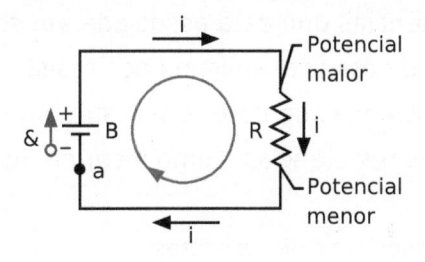

Fonte: Souza, 2020, p. 40.

Verifica-se um decréscimo no potencial percorrendo uma resistência no sentido da corrente, assim teremos que:

Equação 4.27

$$V_a - V_b = Ri$$

É possível combinar alguns resultados discutidos anteriormente e mostrar que para um circuito teremos:

Equação 4.28

$$V_a - V_b = \frac{\varepsilon R}{R + r}$$

Onde *r* é a resistência interna do resistor.

É comum termos em um circuito mais de um resistor, nesse caso, devemos ter algumas regras para estudarmos situações mais gerais que quando temos apenas um único resistor, devemos utilizar a chamada associação de resistores. A associação de resistores é uma combinação de resistências que está associada em série quando a diferença de potencial aplicada aos resistores é igual à soma das diferenças de potencial resultantes através de cada uma das resistências, como visto na figura a seguir.

Figura 4.8 – Associação de resistores

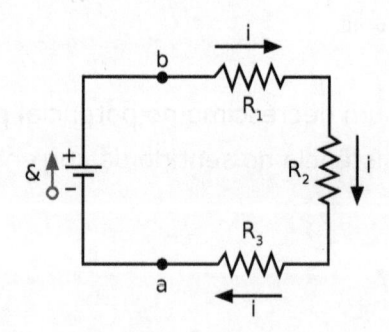

Fonte: Souza, 2020, p. 41.

Se aplicarmos as Leis de Kirchhoff partindo do ponto a no sentido da corrente para o circuito da Figura 4.8, teremos a seguinte relação:

Equação 4.29

$$i = \frac{\varepsilon}{R_1 + R_2 + R_3}$$

Podemos, a partir da Equação 4.29, deduzir uma importante ralação para a resistência presente em circuitos elétricos com mais de um resistor, essa relação é conhecida como resistência equivalente. Dessa forma, teremos:

Equação 4.30

$$R_{equ} = R_1 + R_2 + R_3$$

Ou ainda podemos generalizar para um resistor que contenha um número n de resistores, sendo assim teremos, a relação:

Equação 4.31

$$R_{equ} = \sum_{j=1}^{n} R_j$$

desse modo, a corrente total que passa através do circuito é obtida pela relação:

Equação 4.32

$$i = \frac{\varepsilon}{R_{equ}}$$

Exercício resolvido

Três resistores constituem um circuito como visto na Figura 4.8, as respectivas resistências são $R_1 = 30\ \Omega$, $R_2 = 40\ \Omega$ e $R_3 = 50\ \Omega$ considerando a força eletromotriz sendo de $\varepsilon = 200$ V, a corrente que atravessa o circuito é:

a) 1,20 A.
b) 1,67 A.
c) 1,78 A.
d) 2,20 A.

Gabarito: b
***Feedback* do exercício em geral**: Para determinarmos a corrente no circuito deveremos substituir os valores das resistências, bem como os valores da força eletromotriz na Equação 4.29, por cálculo direto teremos que a corrente que atravessa o circuito será de 1,67 A.

Dizemos que esta combinação de resistores está em série. Temos uma outra situação de resistores que estão associados de uma maneira diferente, nesse caso, temos uma resistência em paralelo. Uma combinação de resistências está em paralelo quando a diferença de potencial resultante através de cada uma das resistências é igual à diferença de potencial aplicada através da combinação.

A Figura 4.9 ilustra uma associação de três resistências em paralelo alimentadas por uma fonte de tensão.

Figura 4.9 – Associação de resistores em paralelo

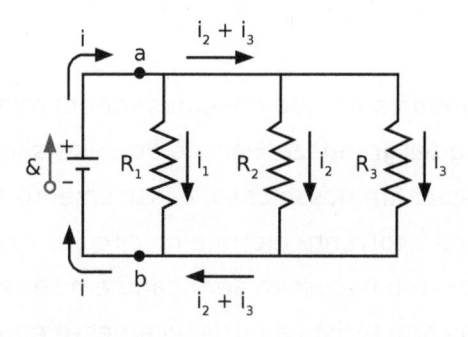

Fonte: Souza, 2020, p. 42.

Podemos fazer uma análise similar ao caso de uma combinação em série e encontrar com isso uma expressão para a resistência equivalente, aqui não estamos interessados em realizar a demonstração, somente a apresentação do resultado, sendo assim, teremos que a resistência equivalente para uma associação em paralelo será dada por:

Equação 4.33

$$\frac{1}{R_{eq}} = \sum_{j=1}^{n} \frac{1}{R_j}$$

Para essa situação, a corrente total que atravessa o circuito pode ser determinada com o uso da relação:

Equação 4.34

$$i = \frac{V}{R_{eq}}$$

Um fato importante que devemos ter em relação a toda e qualquer grandeza Física é que elas são passíveis de medição. Em nosso caso, o instrumento empregado para medir corrente elétrica no circuito é o amperímetro e o mesmo necessita ser ligado em série no circuito. Uma característica intrínseca nesse equipamento é que sua resistência interna (RA) deve ser muito baixa para que a corrente do circuito não se altere ao passar pelo dispositivo, a Figura 4.10 mostra o esquema de ligação de um amperímetro em um trecho de um circuito.

Figura 4.10 – Trecho de um circuito elétrico com os respectivos dispositivos

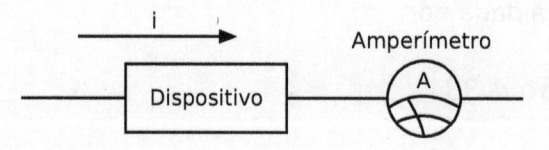

Fonte: Souza, 2020, p. 42.

Para medir a diferença de potencial e força eletromotriz, por exemplo, usamos um aparelho chamado de voltímetro. O voltímetro é usado para medir diferença de potencial e deve ser ligado em paralelo com o dispositivo no circuito. Sua resistência interna (RV) deve ser alta para que ela não interfira nas medidas realizadas.

4.3 Proposta de sequência didática

Durante o decorrer do capítulo, destacamos a importância de promover reflexões sobre o processo de ensino e de aprendizagem em Física, com o objetivo de qualificar e de certa forma dar um novo significado a presença desse componente curricular na educação básica. Verificou-se a necessidade de propor alternativas metodológicas que considerem o aspecto motivacional como elemento presente e favorecedor da aprendizagem. Nesse contexto, as atividades experimentais e os simuladores passaram a ocupar lugar de destaque.

Por base no exposto, vamos agora fazer uma proposta de uma sequência didática para o ensino de eletrodinâmica fundamentada no trabalho de Trentin, Silva e Rosa (2018), com o objetivo de diminuir as dificuldades presentes no ensino do conteúdo de circuitos elétricos.

De maneira geral, essa sequência traz à tona os principais conceitos da eletrodinâmica, no entanto, o foco principal será uma abordagem sobre os circuitos elétricos, nesse caso envolvendo os tópicos de associação de resistores, comportamento da corrente elétrica e da tensão nesses resistores. Além disso, a sequência contempla o estudo de energia elétrica e potência elétrica. Ela está estruturada em atividades subdivididas em encontros teóricos de resgate dos conhecimentos prévios e explanação do conteúdo, atividades experimentais, uso de simuladores, exercícios de fixação, atividades de contextualização, avaliação da aprendizagem, entre outros. Usou-se como referencial teórico para a estruturação didática das atividades os conceitos vistos em seções anteriores, mais precisamente os termos pedagógicos de orientação cognitivista.

O fato de a sequência didática em especial ser de circuitos elétricos está justificado no fato que sua presença se encontra no cotidiano dos estudantes. São dispositivos domésticos e outros, cujo funcionamento está relacionado ao uso de resistores e associados à corrente elétrica, tensão, energia elétrica e potência. Essas grandezas físicas são uma presença constante na vida de praticamente todos os cidadãos, inclusive em determinadas circunstâncias, ofertando riscos de vida, o que reforça a necessidade de que o ensino delas na educação básica tenha essa preocupação e que ofereça uma aprendizagem significativa e duradoura.

Nesse caso e tomando como base a presença de dispositivos e instalações elétricas nas residências dos estudantes, procura-se dar um sentido prático e imediato para o tema, possibilitando despertar o interesse dos estudantes.

Para saber mais

Toda a formulação para a sequência didática pode ser melhor compreendida analisando o *site* criado pelo autor, que pode ser acessado a seguir:

SILVA, M. **Eletrodinâmica no ensino médio**: uso de tecnologias e atividades experimentais. Disponível em: <http://marcelosilva0309.wix.com/eletrotecnologia>. Acesso em: 7 dez. 2021.

A sequência didática elaborada para o presente estudo foi aplicada em uma turma diurna de terceiro ano do ensino médio, de uma escola pública estadual do município de Passo Fundo – RS. A instituição de ensino médio está situada em um bairro de classe média alta no município e atualmente apresenta em seu quadro em torno de 1.200 estudantes, 82 professores e 18 funcionários. Na escola também funciona o curso técnico em eletrônica.

A sequência didática foi desenvolvida com os alunos de terceiro ano cuja aplicação consta da presença de 31 estudantes, foram 20 femininos e 11 masculinos, com faixa etária entre 16 e 18 anos. Como característica principal da turma, segundo os docentes, destaca-se a falta de envolvimento com os estudos e pouca motivação nas atividades propostas, o que justifica a escolha dessa turma.

O Quadro 4.1 mostra o cronograma preparado pelo autor para a execução da sequência didática.

Quadro 4.1 – Cronograma da sequência didática

Encontro	Data	Assuntos discutidos
1º	20/10/2015	Resgate dos conhecimentos prévios 1: Resistores.
2º	21/10/2015	Explanação do conteúdo: Resistores e simulador phet 1.
3º	22/10/2015	Atividade experimental com materiais alternativos.
4º	27/10/2025	Explanação do conteúdo: Lei de Ohm e simulador phet 2.
5º	28/10/2015	Explanação do conteúdo: associação de resistores e exercícios.
6º	04/11/2015	Atividade experimental com arduino.
7º	05/11/2015	Simulador phet 3.
8º	10/11/2015	Resgate de conhecimentos prévios 2: aparelhos eletrônicos.
9º	11/11/2015	Explanação do conteúdo: potência e energia elétrica.
10º	17/11/2015	Atividade contextualização e aplicação dos conhecimentos: contas de energia.
11º	18/11/2015	Atividade avaliativa 1: prova escrita.
12º	27/11/2015	Atividade avaliativa 2: palestra profissional.

O quadro mostra a sequência didática desenvolvida pelo autor. Um fato que segundo ele merece destaque é que houve, durante a aplicação da proposta, momentos de interrupção em que foi necessário utilizar parte do período subsequente às aulas de Física. Para tanto, ele considerou parte do dia a dia escolar e não interferiram negativamente no desenvolvimento da proposta. Outro aspecto a ser considerado foi o sinal precário de Wi-Fi da escola, que por vezes exigia que as atividades fossem retomadas durante a aula. Por fim, salienta-se que o autor para realizar o trabalho nos encontros seguiu o cronograma das atividades letivas, inclusive, os tópicos abordados fazem parte do plano de trabalho previsto para a turma pelo professor.

Síntese

- Consideramos a aprendizagem significativa como cognitivista e tem como objetivo descrever como ocorre o aprendizado, ou seja, como a mente retém os conteúdos curriculares ministrados em sala de aula ou em outros ambientes.
- Considera-se a falta de atividades experimentais como a principal causa de a disciplina de Física ser considerada de difícil assimilação.

- Os elementos principais de um circuito elétrico são uma bateria, um resistor e um capacitor.
- Toda energia que é dissipada em um resistor sai na forma de calor, o chamado efeito Joule.
- Quando temos um circuito elétrico com mais de um resistor podemos substituir o resistor por uma resistência equivalente.

Ensino de magnetismo

5

Conteúdos do capítulo:

- Ensino prático de magnetismo no ensino médio.
- Campo magnético e ímãs.
- A natureza do magnetismo.
- Sequências didáticas para o ensino de magnetismo.

Após o estudo deste capítulo você será capaz de:

1. entender a importância da experimentação para o ensino de magnetismo no processo de aprendizagem para a disciplina de Física no ensino médio;
2. evidenciar metodologias que melhorem o ensino de Física;
3. compreender uma sequência didática para o ensino de magnetismo.

O processo de aprendizagem é sem dúvidas o tema mais discutido e pesquisado pelos estudiosos em ensino desde épocas mais distantes. Diversas foram as teorias desenvolvidas entre os estudiosos para tentarem explicar como o ser humano adquire o conhecimento ao longo de sua vida e assim como com isso ele é capaz de influenciar o ser na fase adulta.

Neste capítulo, estamos interessados em investigar a prática de ensino de magnetismo na forma que tenhamos uma sequência didática revisada para que tenhamos melhor compreensão da dimensão que se configura a problemática do ensino, principalmente no ensino de Física, que é tida como uma disciplina de difícil compreensão e assimilação.

5.1 Aproximações teóricas e práticas

É somente por meio do processo de aprendizagem que o ser humano é capaz de pensar, raciocinar e sobretudo agir na busca daquilo que necessita para viver em sociedade e sobretudo entender o que se passa em sua vida diária. Nesse caso, concluímos que muito daquilo que começa a fazer parte de seu intelecto possui origem em explicações dadas por aquelas pessoas mais velhas, as quais trouxeram todo o conhecimento adquirido por décadas. Esse conhecimento é dotado pela própria experiência e espontaneidade e tenta descrever um fato à explicação do cotidiano. Assim, uma vez iniciado o processo de aprendizagem escolar, a criança já carrega em seu escopo "intelectual" concepções espontâneas e conhecimentos empíricos estes totalmente viciados pela falta de cientificidade.

Esse espaço surgido na mente do aluno necessita ser preenchido e podemos considerar a escola o melhor lugar para corrigir aquilo que precisa ser explicado por meio da ciência, uma vez que é esta que nos fornece as melhores respostas para os maiores problemas do conhecimento. A instituição educacional (a escola) seria o local ideal para que o aluno aprenda coisas novas tendo em vista que com esse aprendizado ele possa explicar aquilo que muitas vezes o rodeia, mas que ainda não chamou sua atenção, fazendo que este venha a formular por si só uma explicação, mesmo equivocada.

É verificado, no entanto, no que diz respeito à atividade escolar, que existe algumas dificuldades relacionadas ao aluno de maneira que não se pode abandoná-las, dentre elas podemos citar a de imaginar e absorver aquilo que lhe é passado. Essas dificuldades surgem que o aluno persiste em preferir o conteúdo que possui, o qual está repleto de concepções não técnicas. Nessa forma, de maneira inconsciente, se nega a aceitar uma explicação que seja consistente por estar fora de seu ambiente, onde na maioria das vezes precisa imaginar algo inalcançável para que compreenda aquilo que lhe foi exposto. Para suprimir essas dificuldades entra em cena a figura do professor, por meio de uma boa atividade em sala de aula ele tem a capacidade de mostrar ao estudante que para aquele fenômeno existe outra explicação além daquela que ele mesmo já assimilou de forma espontânea.

Como foi mencionado em capítulos anteriores, a atividade experimental é a maior aliada dos professores. Assim, concluímos que quando as aulas de cunho teórico estão em consonância com as atividades experimentais, o processo de aprendizagem se completa quase que perfeitamente. A aula prática de laboratório é um grande avanço para a compreensão e absorção do conteúdo pelo aluno, é por meio da aula experimental que o aluno é capaz de observar aquilo que está sendo lhe passado e que não conseguiu entender através de aulas expositivas em sala de aula de forma teórica, uma vez que o objeto de estudo muitas vezes não é para ele de fácil visualização, principalmente para o ensino de Física e as ciências naturais de uma maneira geral.

É na aula prática que o aluno terá a capacidade de visualizar sob um outro olhar a explicação para o fenômeno que ocorre em sua vida cotidiana. A partir desse fato ele aperfeiçoará suas concepções e terá a capacidade de enxergar o fenômeno sob uma óptica científica. Além disso, a aula experimental consegue despertar a atenção do estudante e fazer com que ele participe com maior assiduidade e interesse nas aulas.

A partir das explicações dadas, baseadas nas suas concepções, uma proposta alternativa será a de confrontá-las com o conhecimento científico ou problematiza-las com a finalidade de levar os alunos a conceberem seus conflitos cognitivos, um dos motores da evolução conceitual. (Pacheco, 1997, p. 10)

O que podemos concluir desta fala é que a experimentação não deve ficar restrita apenas à realização de objetivos e métodos como se a participação restasse em seguir uma ideia já estabelecida, pois isso não significa que o aluno adquiriu o conhecimento. O aluno deve atuar de maneira a reconhecer e sobretudo compreender o conhecimento científico que está vinculado a seu dia a dia.

Um fato importante de se destacar nesse processo é que o aluno saiba o porquê de tais acontecimentos para que consiga viver em uma óptica social de forma plena e com uma visão crítica dos fenômenos de maneira geral. Nesse âmbito, todas as suas atitudes serão de certa forma influenciadas por fenômenos cuja explicação pode acontecer dentro da metodologia científica e, nesse caso, o estudante se tornará um cidadão com uma capacidade de entender, interpretar e auxiliar na resolução de muitos problemas, principalmente aqueles ligados a seu cotidiano.

Esse é um fato de grande importância, uma vez que todo o conhecimento adquirido não deverá ficar restrito apenas à sala de aula, mas sim caminhar lado a lado em sua vida e a partir dele é que indivíduo poderá fazer escolhas certas e permitir uma harmoniosa relação com os demais.

> É nessa perspectiva que entendemos a experimentação como parte integrante do processo ensino-
> -aprendizagem de ciências. Deve-se dar ao aluno a oportunidade de expressar suas concepções dos fenômenos de forma direta, experimental, ou de forma indireta, através de registros desses fenômenos. (Pacheco, 1997, p. 10)

É de grande importância a análise de que as crianças adquirem de maneira espontânea concepções a respeito do mundo que os cercam. Segundo Araújo e Abib (2003), muitos dos estudantes, baseados em suas observações diárias, já formulam conceitos sobre ciências, por essa razão em alguns casos emerge à dificuldade em aceitar os conceitos científicos, aqueles adquiridos seja na sala de aula ou no laboratório, uma vez que existe uma persistência em se firmar os conceitos intuitivos. Assim, podemos concluir que são os próprios alunos que trarão para a escola aquilo que naturalmente pensam e assim tentarão explicar, a princípio, os problemas a eles propostos por meio dessas concepções que só darão lugar a conceitos mais elaborados e amadurecidos a partir do momento que houver demonstrações científicas a fim de explicar o fenômeno e permitir maior interação entre ele e a metodologia científica.

Por sua vez, o professor em sua prática deverá aproveitar essas concepções anteriores trazidas pelos estudantes e aliadas a questões do cotidiano do aluno, isso faz com que o aluno aprenda cientificamente a respeito de um tema, que ele já poderia ter tal interpretação. Seguindo o mesmo objetivo, o professor irá contextualizar a Física em seu cotidiano, permitindo até mesmo uma melhor visualização do que está sendo mostrado e a partir das concepções espontâneas fará o estudante tentar responder as questões, mesmo de uma maneira equivocada, pois é exatamente nesse momento que o aluno estará interagindo com todo o conhecimento de lhe foi proposto.

Com base na resposta do aluno, o professor pode utilizar demonstrações experimentais, a fim de levá-lo a refletir sobre o que respondeu. Conclui-se que a utilização de experimentos como maneira de melhorar o ensino de física tem sido confirmada por muitos profissionais como uma maneira extremamente eficaz para suprimir aquelas dificuldades no aprendizado, como também foi citado anteriormente.

Segundo Gaspar (1998), a experimentação no sentido escolar não é algo recente, mas remonta de décadas onde havia na escola um conjunto de aparelhos e objetos destinados a um determinado tipo de experimento, relacionado é claro a um fenômeno específico. Dessa forma, o aluno apenas assistia à demonstração realizada pelo professor. Com o passar do tempo vieram os laboratórios escolares que foi justamente neste meio que surgiram materiais destinados ao aluno que, mesmo sendo um objeto destinado a eles, ainda possuíam um uso restrito.

Mais recentemente, foram trazidas às escolas algumas propostas para atividades em que o aluno seria encaminhado de uma maneira de reinterpretar a ciência. Essas propostas de certa forma seria uma ideia inacessível, pois resultados científicos/experimentais são todos advindos de anos de pesquisa e análise e interpretação desses dados.

Assim, as tentativas de introduzir experimentação na escola sem uma reflexão de como executá-la e quais as consequências e os resultados envolvidos não deram certo, em muitos casos envolveu-se material caro e fora do contexto da época, visto que o governo enviou equipamentos que na maioria dos casos nem mesmo os professores sabiam montar. Assim, percebe-se que para evitar esse alto custo e gasto econômico para a instituição de ensino seria aconselhável que, na medida do possível, se realizassem experimentos de baixo custo e, de preferência, construídos pelo próprio aluno com a orientação do professor.

Destaca-se que na maioria das escolas há todo um respaldo a respeito de como serão realizadas as atividades experimentais. De maneira geral e como sempre ocorre, é o professor que prepara e elabora todo o conteúdo programático que será analisado e em seguida encaixa da melhor forma as atividades experimentais.

Muitos estudiosos defendem a ideia de que a atitude correta seria do maior destaque a experimentação, ou seja, elaborar primeiramente as atividades experimentais e a partir delas então elaborar o conteúdo programático visto de forma teórica em sala de aula. No entanto, na maioria das vezes torna-se inviável adotar essa estratégia uma vez que existem diversos fatores, tais como falta de tempo e a escassez de material na escola que impedem essa prática.

É inviável pensar na realização de todas as atividades experimentais, assim o professor deverá escolher quais práticas serão realizadas, neste caso ele deve utilizar critérios conforme a realidade dos estudantes e de certa forma a sua própria realidade (materiais disponíveis). Podemos destacar que seria necessária a realização de pelo menos uma atividade experimental a cada tópico e a cada conteúdo do programa e que o professor frise principalmente os aspectos físicos, tais como instalação, material disponível e sobretudo os alunos que estarão presentes durante a realização.

O professor deve preparar os alunos para o dia do experimento fazendo-os entender a importância desse acontecimento. Para isso, ele poderá propor aos alunos que tragam o material e ajudem na montagem do aparato, assim os alunos se envolverão e mostrará maior interesse em conhecer o que de novo lhes é oferecido. Mesmo sabendo que é unânime a ideia de que para facilitar a aprendizagem deve haver uso de experimentação, essa proposta é discutida de maneira diversa quanto aos significados que tal atividade tende a assumir em diferentes contextos e aspectos. Este fato é abordado desde situações que convergem a uma mesma interpretação até simples análises de teorias e leis mostradas que são discutidas em sala de aula de forma teórica, como também situações que permitem reflexões dos alunos sobre o tema abordado na atividade.

Segundo Carvalho (1999), é necessário oferecer ao aluno uma prática de ensino que tenha como objetivo formar um cidadão consciente e por meio de um senso crítico mais aguçado ele estará apto a viver em meio à sociedade e, assim, interagir com o ambiente e seus semelhantes. Dessa forma, os conteúdos escolares devem trazer em seu escopo questões diversas e que estejam enraizadas em seu cotidiano de uma óptica social, como a fatos econômicos e ambientais, onde o aluno entenderá que há uma interdisciplinaridade e que a Física não está isolada, mas sim completamente relacionada a todas as áreas do conhecimento.

Nesse sentido, para que o aluno compreenda a teoria proposta em sala de aula, faz-se necessário a prática experimental baseada em análises investigativas sobre os quais trarão a vontade de aprender e assim favorecer a aprendizagem. Portanto, podemos considerá-la como um instrumento capaz de auxiliar na compreensão de conceitos, princípios e leis da Física.

Quando um aluno "aprende significativamente", este processo se deu por meio de um dinamismo, uma vez que ele busca relacionar os novos conhecimentos com os conceitos relevantes presentes em sua estrutura cognitiva, de tal maneira que ambas adquirem novos significados. Nesse caso, a prática de aprendizagem por essas vias, todo conhecimento é absorvido de forma muito subjetiva, uma vez que a nova informação somente passa a ter significado para o aprendiz quando ele a relaciona com aquilo que já lhe é significativo dentro da sua própria estrutura de conhecimentos, sendo que esses conhecimentos estão totalmente relacionados a experiências particulares.

Nesse meio, faz-se a necessidade de frisar que a linguagem utilizada é um fator de grande importância para a aprendizagem significativa, uma vez que é a partir dela que professor e alunos em conjunto podem externar suas ideias e assim ampliar o entendimento a respeito de um assunto. Nesse âmbito, mesmo uma vez dado início às explicações dos conceitos científicos a partir de uma linguagem comum aos alunos, deve-se inserir ao longo das aulas uma linguagem mais elaborada, que aumente o vocabulário dos alunos, ao mesmo tempo que possibilite compreender melhor os conceitos científicos.

Todas as vezes que um aluno tem a capacidade de relacionar um novo conceito com a observação de uma situação do cotidiano como exemplo a justificativa de observar a parada de um carro após uma frenagem brusca, dizemos que sua forma de aprendizagem foi uma aprendizagem significativa.

A grande estrutura fundamental desta prática é o de identificar o que o aluno já sabe, além de identificar fazer com que haja uma organização que tem por objetivo ensinar. Somente neste caso pode-se trabalhar para relacionar as duas estruturas de maneira que toda inferição ocorra de maneira que se dê ressonância naquilo que já lhe é estabelecido. Dessa forma haverá um auxílio para o aprendiz que por sua vez deve estabelecer os significados para num novo contexto.

Uma outra forma que pode ser abordada a aprendizagem significativa está fundamentada em duas características, ou melhor, dois novos conceitos, a aprendizagem por descoberta e a aprendizagem por recepção, as duas podem ocorrer tanto significativamente quanto mecanicamente, de acordo com o estabelecido anteriormente. No que diz respeito à aprendizagem por recepção, esta já apresenta o conteúdo para o aluno em sua forma final e totalitária, enquanto no outro conceito de aprendizagem o conteúdo principal a ser aprendido deve ser descoberto pelo estudante.

Quando relacionamos esses dois tipos de aprendizagem, podemos citar como exemplo de aprendizagem por descoberta, ou seja, aquela que pode ocorrer mecanicamente à solução de um determinado quebra-cabeças, pois a disposição das peças pode ser incorporada de maneira arbitrária à estrutura cognitiva do indivíduo.

Trazendo um paralelo no que diz respeito à disciplina de Física, temos que uma lei Física pode ser aprendida significativamente sem que o aluno a tenha que descobrir, desde que ao recebê-la "pronta" seja capaz de associá-la aos subsunçores adequados.

Toda forma de instrução que seja fundamentada na aprendizagem receptiva tem seu lugar principalmente quando se apresenta em seu âmago uma grande quantidade de conhecimento, neste caso, não deve ser condenada, desde que sua execução esteja voltada para facilitar a aprendizagem significativa. No caso da aprendizagem por descoberta, uma vez que esta exige uma organização diferenciada e consequentemente requer bem mais tempo, seria praticamente impossível sua realização nesse contexto específico, no entanto, torna-se de suma importância em situações como a aprendizagem de procedimentos científicos

Faz-se necessário destacar que uma vez definido o uso da aprendizagem por descoberta como aquela atuante, ocorre a tendência à predominância nas fases iniciais do desenvolvimento cognitivo do estudante, como na idade pré-escolar e possivelmente nos primeiros anos de escolarização, quando os conceitos e as proposições são adquiridos em processos indutivos baseados em experiência não verbal e concreta. Com o passar dos anos, a maturidade cognitiva poderá ser aquela predominante à aprendizagem por recepção, quando proposições e conceitos apresentados verbalmente podem interagir com subsunções mesmo na ausência de experiência empírico-concreta.

5.2 Introdução ao estudo do magnetismo

Assim como o estudo dos fenômenos elétricos tiverem origem na Grécia Antiga, os fenômenos ligados ao magnetismo também tiveram sua gênese nessa época. Foi na Grécia Antiga que foram observados os fenômenos envolvendo duas substâncias que chamavam a atenção por suas propriedades: o âmbar e a magnetita, cada qual relacionado às gêneses dos fenômenos elétricos e magnéticos, respectivamente.

Quando analisamos em capítulos anteriores o estudo da eletrostática, vimos que o âmbar – *eléktron*, em grego – atritado, por exemplo, no pelo de animais, torna-se capaz de atrair corpos leves. Nesse processo, conhecido como eletrização, os corpos adquirem carga elétrica. Podemos afirmar que de uma forma bastante similar, baseados em experimentação, os gregos também observaram que certo mineral encontrado na região da Magnésia, na atual Turquia, era capaz de atrair pedaços de ferro. Posteriormente, esse mineral foi chamado de magnetita, a qual pode ser visualizada na figura abaixo.

Figura 5.1 – Magnetita

Fonte: Pires, 2016, p. 11.

Com o advento da Mecânica Quântica e com ela a espectroscopia atômica, podemos afirmar hoje em dia que o principal constituinte da magnetita (o mineral analisado pelos antigos gregos) é um óxido de ferro (Fe_3O_4) e que esse material tem a propriedade Física de atrair não somente o ferro, como também outras substâncias metálicas. Mesmo considerando que todos os estudos dos fenômenos magnéticos terem começado com a magnetita, sabe-se hoje que o magnetismo pode ser encontrado em corpos compostos de outras combinações químicas.

O que é?

A magnetita é considerada por muitos pesquisadores como o material magnético mais antigo conhecido pelos seres humanos. Na verdade, essa "pedra" é um mineral magnético formado pelos óxidos de ferro II e III, cuja fórmula química é Fe_3O_4. De uma maneira mais detalhada, a magnetita apresenta na sua composição, aproximadamente, 69% de FeO e 31% de Fe_2O_3 ou 72,4% de ferro e 26,7% de oxigênio.

Todos os corpos que são dotados de propriedades magnéticas são conhecidos como imãs e podem ser classificados em naturais (construídos com pedaços de magnetita) e artificiais (construídos com ligas metálicas ou materiais processados). Os ímãs podem assumir as mais variadas formas, como pode ser visto na figura abaixo.

Figura 5.2 – Diferentes formas de ímãs

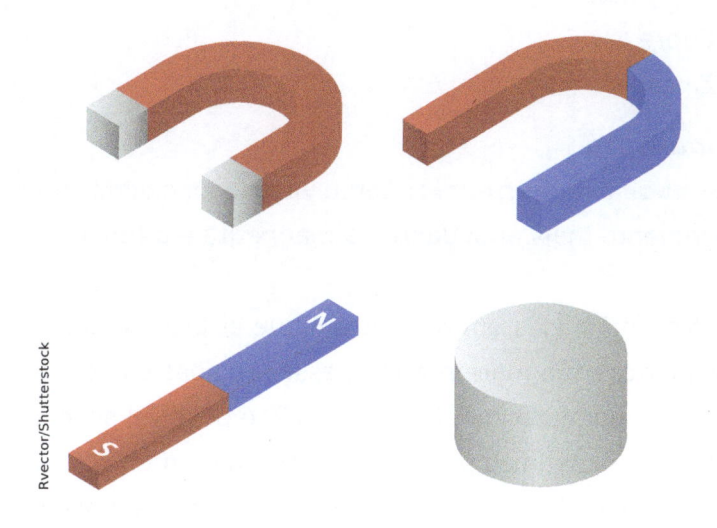

É importante saber que com o advento da ciência as propriedades magnéticas dos materiais estão inteiramente ligadas ao nosso cotidiano. Mas sem dúvida a maior contribuição é na medicina, como um exame de ressonância magnética.

Exercício resolvido

Considera-se a magnetita como o objeto natural mais antigo que possui propriedades magnéticas, datada desde a antiguidade na Grécia, com o advento da espectroscopia atômica, foi possível mostrar que para este mineral sua maior constituição é do elemento:

a) Ferro.
b) Manganês.
c) Cobre.
d) Zinco.

Gabarito: a
Feedback do exercício: Como vimos, concluímos que o elemento mais abundante na magnetita é o ferro.

Nos ímãs, existem regiões em que as propriedades magnéticas são mais intensas; essas regiões são denominadas polos do ímã. Na Figura 5.2, é possível observar três formas de ímãs produzidos artificialmente.

A bússola (Figura 5.3) é sem dúvida um dos mais antigos instrumentos utilizados pelo ser humano para determinar sua localização na Terra. É constituída de um pequeno ímã no formato de uma agulha que, por sua vez, se encontra equilibrado sobre um pequeno suporte, o qual pode girar sobre um fundo com o desenho de uma rosa dos ventos.

Figura 5.3 – Bússola

Good Luck Photo/Shutterstock

Um fato curioso é que todas as vezes que tentarmos mudar a direção da agulha da bússola com as mãos, ela sempre retornará teimosamente para a mesma direção, desde que esteja afastada da influência magnética de outros corpos. Por que afinal esse fenômeno ocorre?

A resposta para essa pergunta se torna esclarecida quando das propriedades dos materiais, ou seja, precisamos conhecer as propriedades que caracterizam os ímãs, dentre as que podemos citar temos:

- os corpos magnetizados ou ímãs atraem alguns materiais, como o ferro;
- todos os ímãs podem se mover livremente, o polo que se orienta em direção ao norte geográfico da Terra é chamado de polo sul do ímã, e o polo que se alinha com o polo sul geográfico da Terra é denominado polo norte do ímã.

Na Figura 5.4, podemos observar os polos sul e norte do ímã atraindo limalhas de ferro, formando o que nós chamamos de *linhas de campo de força*.

Figura 5.4 – Linhas de campo de força

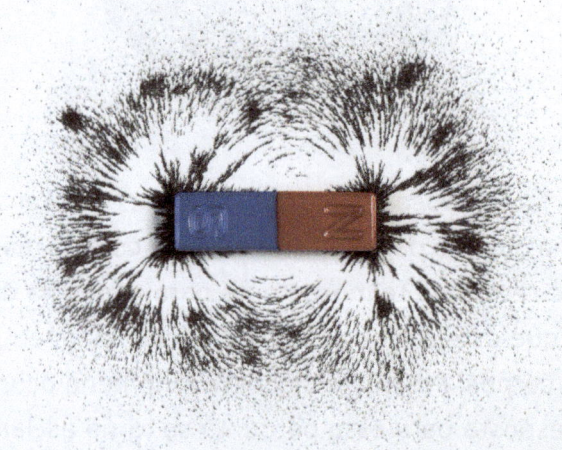

Todas as vezes que tentamos aproximar dois ímãs, observa-se que os polos magnéticos norte se repelem e polos magnéticos de nomes diferentes se atraem.

- Em todos os materiais magnéticos os polos magnéticos dos ímãs são inseparáveis, ou seja, não existem polos isolados. Quando partimos um ímã em vários pedaços, cada um passa a se comportar como um novo ímã, ou seja, com um polo norte e um polo sul como mencionamos anteriormente.

Uma vez compreendidas essas propriedades, estamos aptos a relacioná-las com o fato de a agulha da bússola apontar sempre para o norte geográfico da Terra. O que determina esse alinhamento da agulha é o fato de a Terra ser considerada um imenso ímã. Como polos magnéticos de mesmo nome se repelem, podemos concluir que o norte da agulha da bússola aponta para o polo Sul magnético da Terra, que está na verdade próximo do polo norte geográfico.

Pela Figura 5.5, podemos concluir que a direção dos polos magnéticos da Terra não coincide exatamente seu eixo de rotação, assim, a bússola não aponta exatamente para os polos geográficos, mas sim para os polos magnéticos da Terra.

Figura 5.5 – Relação entre os polos magnéticos e geográficos

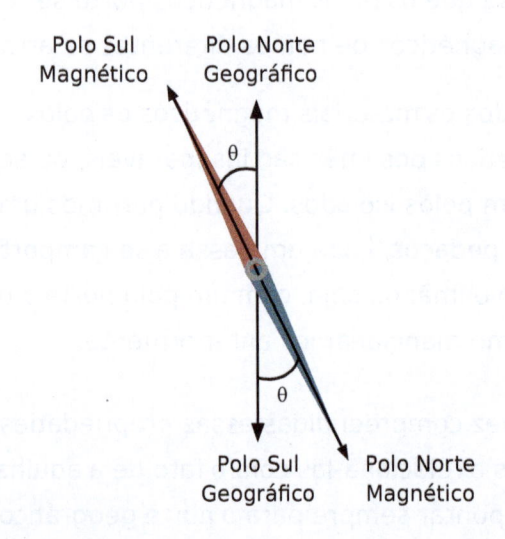

Fonte: Pires, 2016, p. 17.

    É um fato curioso que do contrário do campo elétrico que possuem as linhas de campo orientadas de forma a saírem ou entrarem na carga as linhas do campo magnético "iniciam" e "terminam" dentro do próprio material.

Para saber mais

Uma forma de observar melhor os fenômenos magnéticos e suas relações com os ímãs e as bússolas é por meio de simulações computacionais, disponíveis no *link*:

PHET – Physics Education Technology. **Imãs e bússola**. Disponível em: <https://phet.colorado.edu/pt_BR/simulation/legacy/magnet-and-compass>. Acesso em: 7 dez. 2021.

Vamos agora estudar um pouco da natureza do magnetismo. Podemos afirmar que o magnetismo é uma propriedade das matérias que está fortemente relacionada às propriedades elétricas dos materiais, assim, podemos considerar que o estudo do magnetismo também esteja relacionado ao estudo dos fenômenos elétricos. De maneira similar a uma carga elétrica que cria um campo elétrico ao redor de si, ocorre quando temos uma carga em movimento, neste caso cria-se um campo magnético.

Dessa forma, podemos definir que o movimento dos elétrons é o objeto criador de um campo magnético, nesse sentido, podemos considerar um átomo como um ímã elementar. Podemos concluir deste pensamento que todas as vezes que temos cargas elétricas em movimento em uma configuração distinta daquela encontrada nas substâncias não magnéticas, teremos também um campo magnético. Observamos também que em qualquer material que não esteja magnetizado, os ímãs estão orientados ao acaso e, por causa disso, os campos magnéticos gerados por eles tendem a se anular.

Todo material não imantado (magnetizado) ao se tornar magnético, deve-se submetê-lo a um processo de magnetização, no qual os ímãs elementares se alinham de maneira organizada. Materiais nos quais a magnetização se dá facilmente são chamados de ferromagnéticos. Nas substâncias denominadas paramagnéticas, a imantação é improvável. Essas relações podem ser vistas na figura a seguir.

Figura 5.6 – Propriedades dos materiais

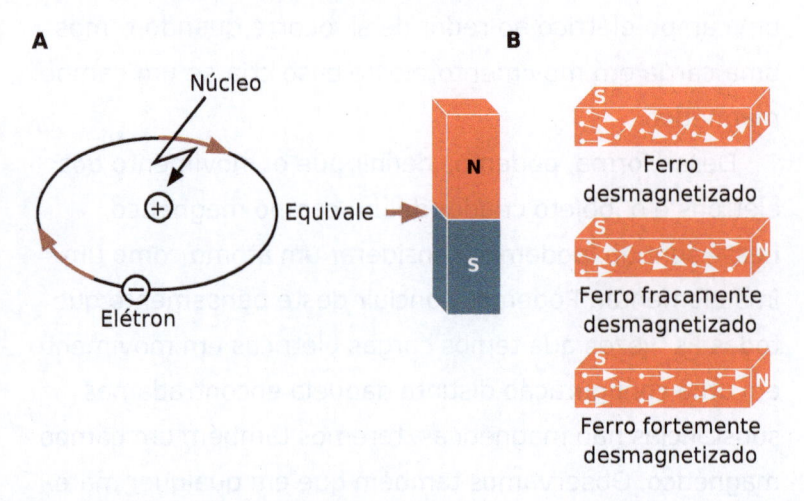

Fonte: Pires, 2016, p. 18.

Na figura vemos duas situações, na situação a temos que se analisarmos do ponto de vista da escala atômica, cada átomo do ímã tem dois polos. Na situação B temos um ímã permanente, os ímãs elementares ordenam-se de maneira idêntica.

Exercício resolvido

Como foi observado, assim como o campo elétrico possui as chamadas linhas de campo elétrico, para o caso dos campos magnéticos acontece o mesmo, porém na primeira situação as linhas de campo emergem das chamadas *cargas elétricas*, que podem ser positivas ou negativas, no entanto para o caso do campo magnético elas começam e terminam em duas quantidades, essas quantidades são:

a) polos magnéticos.
b) cargas magnéticas.
c) campo magnético.
d) campo elétrico.

Gabarito: a

Feedback **do exercício**: o que foi explicitado até aqui é que do contrário das cargas elétricas que são consideradas as fontes dos campos elétricos e consequentemente geradores das linhas de campo, as linhas de campo magnético são formadas pelos chamados polos magnéticos, que são classificados em polo norte e polo sul.

É válido destacar que de maneira geral a maioria dos materiais magnetizados se encontram nesse estado por processos industriais. Na natureza não se tem uma quantidade significativa desses objetos que são magnetizados naturalmente.

Figura 5.7 – Força magnética conectando alfinetes

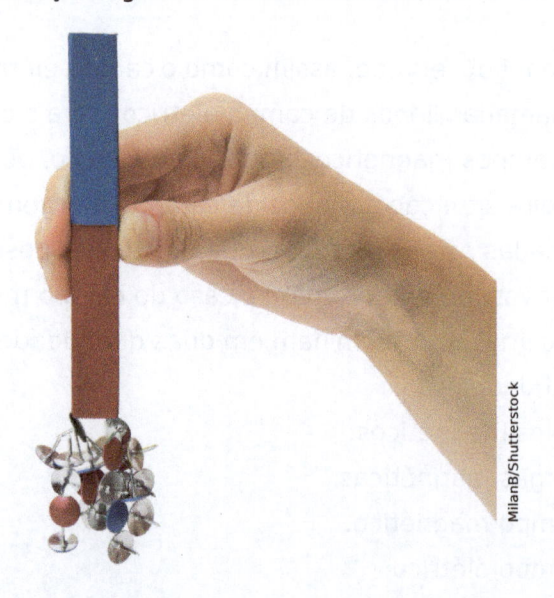

Fonte: Pires, 2016, p. 20.

Outro fato observacional que deve ser levado sempre em consideração é que sempre é possível que quando afastamos o ímã os alfinetes percam rapidamente as propriedades magnéticas, essa perda é apenas temporária, indicando que seus ímãs elementares voltaram a se distribuir em direções aleatórias, assim, dizemos que os alfinetes sofreram o processo de magnetização induzida.

No entanto, todas as vezes que aumentarmos consideravelmente a intensidade do campo magnético no qual estão contidos os alfinetes, poderá ocorrer o que chamamos de histerese magnética, que vem a ser a propriedade que permite a uma substância ferromagnética, uma vez magnetizada, permanecer completamente magnetizada mesmo que seja retirado o campo magnético que lhe deu origem. Sendo assim, é possível a fabricação de ímãs permanentes, para que isso ocorra é preciso colocar o material sob a ação de um forte campo intenso, neste caso, ocorre uma indução constante dos ímãs elementares a um alinhamento que não pode ser modificado, em outras palavras, modificamos completamente a estrutura interna do material.

É fato que alguns materiais por mais que sejam considerados ímãs permanentes podem perder sua imantação e deixarem de agir a com suas propriedades, assim podemos citar algumas condições e característica que podem fazer com que um ímã perca suas propriedades magnéticas, dentre estas temos:

- se o material em questão for submetido a temperaturas elevadas, acima daquela que se denomina ponto Curie;
- o material for submetido a choques sucessivos.

Vamos falar agora de uma quantidade conhecida como campo magnético, para isso considere uma bússola que tenha em suas proximidades um imã em forma de barra. A agulha da bússola sofrerá a influência do ímã e deixará de indicar o polo norte geográfico da Terra, assim a deflexão da agulha da bússola indica que há uma força à distância sendo trocada entre ela e o imã.

De maneira geral, podemos afirmar que no espaço que circunda o ímã se estabelece um **campo magnético** e que a agulha da bússola sofre na verdade uma interação de natureza magnética decorrente da ação desse campo magnético. Na figura a seguir, podemos verificar melhor essas propriedades.

Figura 5.8 – Campo magnético

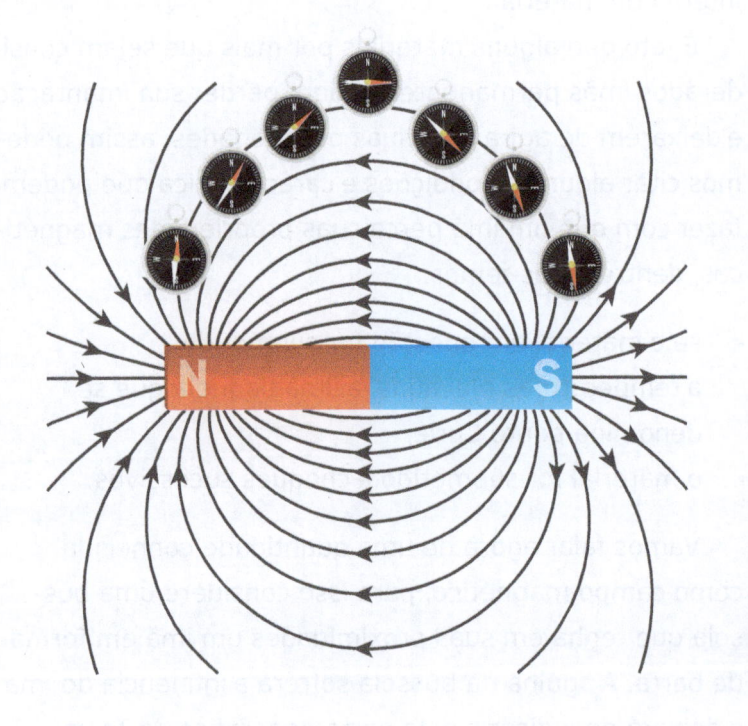

Fonte: Pires, 2016, p. 21.

Podemos considerar neste caso que campo magnético, de maneira análoga ao campo elétrico, pode ser representado por meio de linhas de campo. Observamos isso quando tomamos como exemplo um pouco de limalha de ferro e colocamos sobre uma folha de papel que por sua vez foi colocada em cima de um ímã, percebemos que os pedaços de ferro se ordenam e se comportam como bússolas. Podemos ver esse fato na figura a seguir.

Figura 5.9 – Campo magnético visto por limalhas de ferro

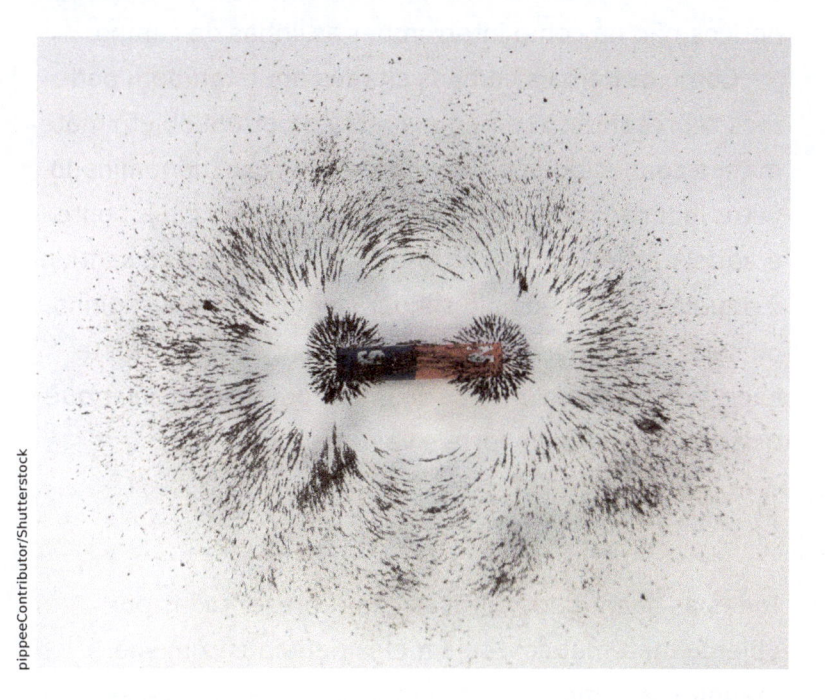

O fenômeno que ocorre com cada pequeno pedaço de ferro assemelha-se ao da agulha da bússola: cada grão de ferro torna-se uma pequena bússola. Assim, teremos então inúmeras pequenas bússolas dispostas, uma atrás

da outra, de maneira que seus eixos sul-norte estarão arranjados em uma direção tangente às linhas de campo magnético do ímã. Um fato curioso nos chama atenção quando fazemos a análise para as linhas de campo magnético, como vimos um campo elétrico pode também ser representado por linhas de campo, outro exemplo, é o campo gravitacional, no entanto, a diferença se encontra no fato de que para o campo magnético as linhas de campo são contínuas. Isso ocorre porque nos polos magnéticos não há como interromper as linhas de campo.

Como os demais campos citados aqui, também podemos representar o campo magnético por um objeto matemático conhecido por um vetor nesse caso, denominado vetor indução magnética $\vec{B}$, cuja direção em cada ponto é aquela reta tangente às linhas de campo e cujo sentido é aquele que vai do polo sul para o polo norte da agulha, ou seja, o polo norte se orienta no sentido de $\vec{B}$. Neste caso, analisando o interior do ímã, podemos concluir que o campo sai do polo norte e vai para o polo sul.

Exercício resolvido

Todas as quantidades Físicas são representadas por objetos matemáticos, sejam eles definidos com sua magnitude como os escalares ou aqueles que necessitam de mais informações para sua descrição como direção e sentido, que é o caso dos vetores. Com o campo magnético não seria diferente, assim, o vetor que representa o campo magnético é conhecido como:

a) Vetor campo magnético.
b) Vetor indução magnética.
c) Vetor campo elétrico.
d) Vetor potencial magnético.

Gabarito: b
***Feedback* do exercício**: Como foi estudado, o vetor que determina a direção do campo magnético é o chamado vetor indução magnética, representado por $\vec{B}$.

Ainda hoje muito pode ser estudado, tanto de maneira experimental como teórica, as propriedades magnéticas da matéria. Do ponto de vista experimental, isso resultará em grandes avanços no âmbito tecnológico; do ponto de vista teórico, é ainda um mistério não haver fontes estáticas de campos magnéticos, ou seja, não existe uma carga magnética livre como veremos adiante.

Figura 5.10 – Vetor indução magnética

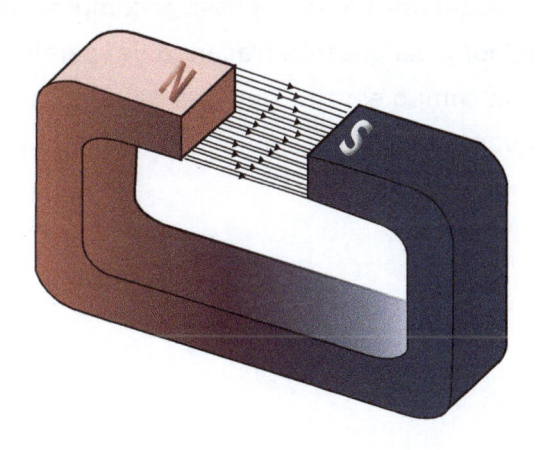

Fonte: Pires, 2016, p. 22.

É importante destacar que no Sistema Internacional de Unidades (SI), a unidade de medida da intensidade do vetor indução magnética é o **tesla** (T), nome dado em homenagem ao cientista Nikola Tesla (1856-1943), que contribuiu de maneira relevante para o desenvolvimento das principais descobertas envolvendo os fenômenos elétricos.

Como vimos em capítulos anteriores, a carga elétrica é a fonte do campo elétrico, mas uma curiosidade nos cerca quando temos o caso da fonte para o campo magnético, podemos fazer essa análise com uma pergunta muito interessante. Por que, sempre que tentamos separar os polos de um ímã, imediatamente surgem um polo norte e um polo Sul em cada um dos pedaços separados?

Podemos considerar essa pergunta como uma das questões mais profundas da Física, assim como a entropia e a seta do tempo como vista na segunda lei da termodinâmica. Observamos até aqui que polos magnéticos sempre surgem aos pares. É possível compreender um pouco melhor essa questão traçando um paralelo com as linhas de campo elétrico geradas pelas cargas elétricas positivas e negativas, como visto na figura abaixo.

Figura 5.11 – Linhas de campo elétrico

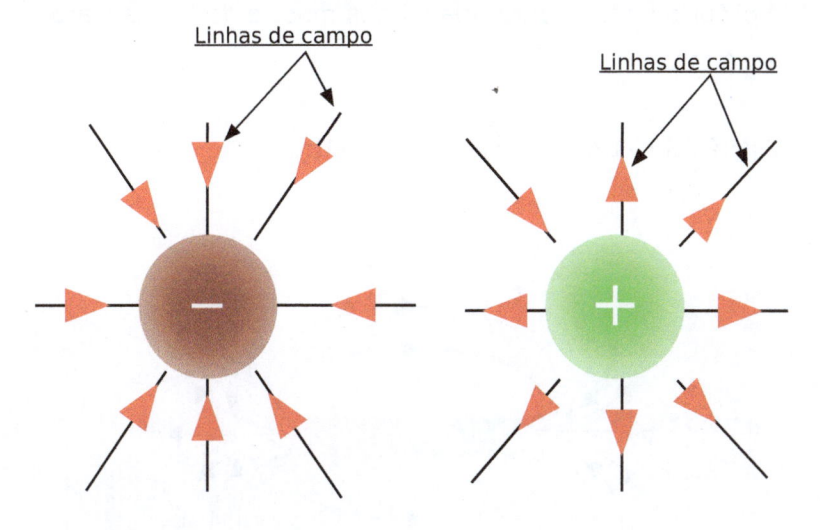

Linhas de campo

Linhas de campo

Fonte: Pires, 2016, p. 24.

É possível confirmar a teoria que sabemos que as linhas de campo do campo elétrico são dirigidas para o centro da carga negativa, o contrário ocorre no caso da carga positiva, as linhas de campo divergem.

Com essa ideia em nossa mente, poderíamos pensar que, se esse é o comportamento também para o campo magnético, para que ele seja mantido, ao partir um ímã, pares de polos devem surgir em cada novo pedaço. Assim, as linhas de indução continuarão surgindo no polo norte de cada pedaço e indo em direção ao polo sul correspondente, o que significa, como vimos neste capítulo, que não existem polos isolados para o campo magnético, ou seja, não é possível obter os chamados monopolos magnéticos, ou seja, no caso das linhas de indução de campo magnético, elas sempre surgem e voltam para o próprio ímã, a figura abaixo nos mostra de forma clara esse fato.

Figura 5.12 – Linhas de campo magnético

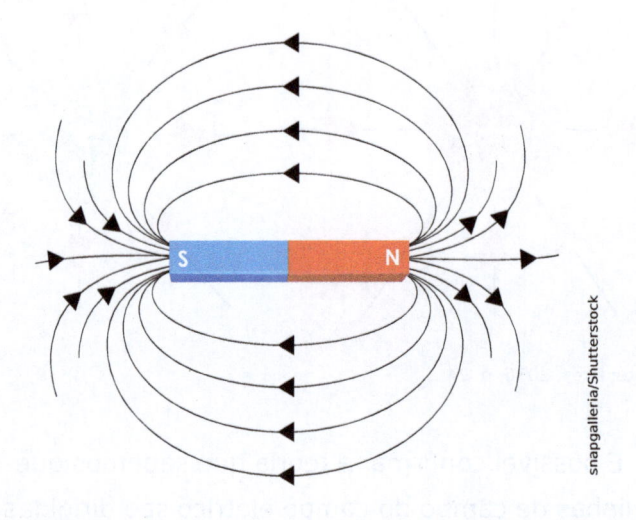

Fonte: Pires, 2016, p. 24.

Pode-se pensar que, se esse é o comportamento do campo magnético, para que ele seja mantido, ao partir um ímã, é fato que sempre que pares de polos devem surgir em cada novo pedaço. Nesse caso, as linhas de indução continuarão sempre surgindo no polo norte de cada pedaço e indo em direção ao polo sul.

No ano de 1931, o físico britânico Paul Dirac defendeu a existência desses monopolos magnéticos, em outras palavras, que poderia haver um ímã só com polo norte ou somente com polo sul. De acordo com ele, os monopolos existiriam na extremidade de tubos confeccionados com determinados materiais que tornavam possível separar os polos de um campo magnético. Esses tubos passaram a ser conhecidos como cordas de Dirac. Essa proposta, ainda hoje, é vista como uma suposição, uma vez que os cientistas não conseguiram detectar experimentalmente a existência dos monopólios (Pires, 2016).

Nos dias de hoje um grande número de pesquisadores tenta, por meio de experimentos, detectar monopolos magnéticos. Essa descoberta tornaria possível a existência de "correntes magnéticas". No entanto, essa afirmação levaria à seguinte pergunta. O que significam as tais "correntes magnéticas"? No caso do campo elétrico, o movimento dos "monopolos elétricos" (as cargas negativas) em determinados materiais, como o fio de cobre, gera o que se conhece como corrente elétrica.

Sabemos da grande importância que esse conceito tem para o mundo moderno. No caso do campo magnético, o movimento dos monopolos em determinados materiais geraria "corrente magnética", não sabemos ao certo que traria de novo para a eletrônica atual esse conceito. Possíveis aplicações desse tipo de corrente ainda estão no campo da especulação. Dada a aplicabilidade que a corrente elétrica tem hoje, é possível imaginar o impacto que essa descoberta causaria na sociedade.

Se os monopolos magnéticos forem detectados em alguma experiência, a teoria atual do eletromagnetismo deverá ser em alguns pontos modificada. Isso de certa forma não é uma prática incomum na física. Após quase três séculos de sucesso da mecânica clássica, Albert Einstein mostrou que conceitos fundamentais como espaço e tempo necessitavam de uma profunda revisão, o que levou a uma descrição mais correta e abrangente dos fenômenos físicos ligados ao movimento, com a sua famosa teoria da relatividade, restrita e geral.

Preste atenção!

Como vimos, um os fatos mais importantes do magnetismo é que do contrário do campo elétrico onde temos uma fonte estática para o campo elétrico que chamamos de carga elétrica, aqui o campo não possui esta fonte estática ou líquida, ou seja, ele não possui o que chamamos de "carga magnética" ou monopolo magnético.

Uma das maiores descobertas da Física aconteceu por volta de 1800, quando diversos cientistas acreditavam na existência de relações entre eletricidade e magnetismo e apenas esperavam ou procuravam a demonstração, seja por vias teóricas ou experimentais. Há pelo menos três séculos antes de Oersted, já se sabia por observação que as bússolas eram perturbadas durante tempestades, e que por ação de raios sua polaridade podia ser invertida.

No início do século XVIII, a imantação de objetos de ferro pela ação de raios, sem que esses atingissem o objeto, já mereciam registros. Esses fatos parecem hoje uma boa indicação experimental da relação entre eletricidade e magnetismo. Segundo Gardelli (2004), na época isso não era de fácil compreensão.

O eletromagnetismo como é conhecido hoje teve seu início na descoberta em 1820, de Hans Christian Oersted (1777-1851) de que uma corrente elétrica gera um campo magnético. Entre nós existe a crença de que essa descoberta foi obra do acaso.

Oersted estava inserido na corrente filosófica da **Naturphilosophie**. De acordo com Martins (1986), essa corrente via o universo como um todo interagente, portanto nada mais natural que buscar uma origem comum para a luz, calor, eletricidade e talvez o magnetismo.

Foi nesse meio que Oersted conheceu a pilha de volta, o que o intrigou e fez com que ele passasse a realizar experimentos fazendo o uso dela. Essa escolha não foi sem propósito, afinal experiências haviam mostrado que a passagem de corrente elétrica por um fio condutor fino, provoca aquecimento e emissão de luz nesse mesmo fio, e não através da ação eletrostática. Oersted acreditava que a corrente galvânica, ao percorrer o fio, transportava dois tipos de eletricidade movimentando-se em sentidos opostos.

O transporte desses dois fluidos elétricos pelo mesmo fio deveria gerar algum tipo de encontro, causando assim algum conflito elétrico e, desta forma, a corrente não seria algo contínuo e sim uma sucessão de separações e reuniões de eletricidade de naturezas diferentes, o que faria com que o equilíbrio elétrico fosse desfeito e depois reestabelecido. De acordo com Martins (1986), as palavras de Oersted, em seu livro de 1812, a eletricidade se propaga:

> por um tipo de contínua decomposição e recomposição, ou melhor, por uma ação que perturba o equilíbrio em cada momento, e o reestabelece no instante seguinte. Pode-se exprimir essa sucessão de forças opostas que existe na transmissão da eletricidade dizendo que a eletricidade sempre se propaga de modo ondulatório. (Martins, 1986, p. 34)

Através de um grande aparato experimental que é na verdade fruto de muito trabalho rigoroso e persistente, obteve-se sucesso ao observar que uma agulha imantada sofria deflexão, quando colocada próxima a um fio condutor de eletricidade. Os resultados desse experimento foram publicados no ano de 1820 no artigo "Experiências sobre o efeito do conflito elétrico sobre a agulha magnética".

Oersted justificou o uso do termo "aparente quebra de simetria" supondo que em torno do fio condutor de corrente, o conflito elétrico se manifestava sob a forma de turbilhões que circulavam em torno do fio, em sentidos opostos, sendo que um deles agia sobre o polo norte e o outro sobre o polo sul da agulha imantada. e esse era o aspecto mais importante e revolucionário de seu trabalho, pois aparentemente violava a simetria envolvida no fenômeno, ou seja, o efeito magnético produzido pela corrente não era paralelo a ela. De acordo com Gardelli (2004, p. 57), embora a corrente elétrica fosse pensada como um fenômeno longitudinal no fio condutor, seu efeito apresentava um aspecto de rotação em torno do fio.

Oersted defende que o conflito elétrico era o responsável por levar o polo da agulha imantada para leste ou para oeste, ou simplesmente defendia que tal conflito "desviava" a agulha imantada conforme mostrado na figura abaixo.

Figura 5.13 – Experimento de Oersted

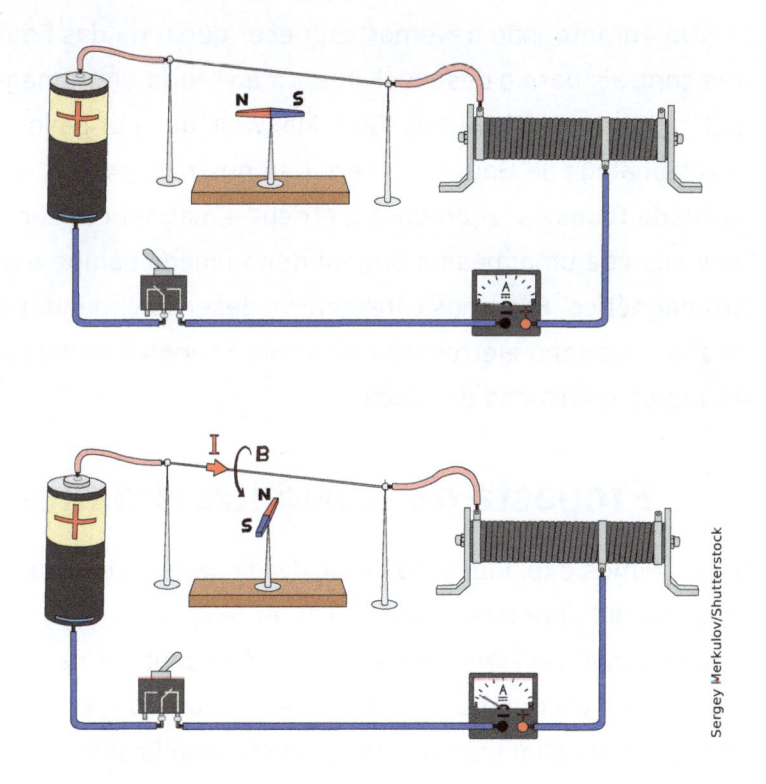

Fonte: Pires, 2016, p. 27.

No experimento, observa-se uma aparente quebra de simetria, pois ao posicionar a bússola perpendicularmente ao fio, ela sofria um desvio. Esse efeito não era esperado pelos cientistas. Em um curso sobre eletromagnetismo, cujo objetivo central seja a reflexão sobre a ciência, a discussão do experimento da agulha imantada é um ponto que merece destaque, pois não foi aleatória, fruto de um acaso. Oersted convivia em um ambiente que o impulsionava a buscar uma relação entre eletricidade e magnetismo e trabalhos anteriores mostravam-se caminhos que valiam a pena ser explorados.

No entanto, não devemos esquecer que uma das figuras centrais para o desenvolvimento da teoria eletromagnética foi o escocês James Klerk Maxwell, que por base nos trabalhos de Gauss, Ampère demonstrou que na verdade todos os fenômenos elétricos e magnéticos são advindos de uma mesma origem denominada campo eletromagnético. Podemos considerar o desenvolvimento da teoria do campo eletromagnético como sendo a primeira teoria de unificação da Física.

5.3 Proposta de sequência didática

Aqui, vamos explanar uma proposta de sequência didática indicada por Pires (2016). O autor teve como objetivo desenvolver uma sequência didática pautada na atividade experimental por meio de uma abordagem investigativa com uma turma da 4ª série do Ensino Técnico Integrado em informática de nível Médio de uma instituição da rede pública federal de ensino da cidade de Campo Mourão no estado do Paraná.

Para o estudo, o autor realizou a pesquisa implementando o produto educacional de natureza qualitativa, uma vez que ele estava buscando interpretações para as relações do sujeito com o produto educacional, dos sujeitos com outros sujeitos e dos sujeitos com o conteúdo físico trabalhado. Assim, ele coletou evidências sobre o comportamento da turma em relação ao uso da estratégia de ensino e dos reflexos da atividade sobre o interesse e a assimilação do conteúdo em si.

Dessa forma verificou-se que a referente pesquisa qualitativa não é um conjunto de processos sujeitos intensamente à análise estatística para sua dedução, e sim da imersão do pesquisador na situação do estudo, bem como de sua perspectiva interpretativa dada às informações adquiridas no processo. O autor utilizou o caráter de pesquisa exploratória, uma vez que se obtiveram os dados para análise de forma empírica, durante a realização de grande parte das atividades propostas numa observação direta (Quivy; Campenhoudt, 1998).

O autor desenvolveu a pesquisa em uma Universidade da Rede Pública Federal de Ensino, centrada na zona urbana no município de Campo Mourão (PR) em que envolveram 25 alunos da 4ª série do Ensino Técnico Integrado em informática de nível médio, com uma faixa etária entre 15 e 17 anos.

Segundo Pires (2016), o objetivo central dessa sequência didática foi o de tornar a aula mais dinâmica, modificando o processo tradicional de ensino a fim de despertar no aluno a predisposição para aprender, sempre se utilizando de meios para relacionar o seu conhecimento prévio, da sala de aula ou cotidiano, com os novos conceitos apresentados pelo professor.

A sequência didática proposta no trabalho foi dividida em dois módulos com duas aulas cada uma, uma melhor forma de visualizar isso está no quadro a seguir.

Quadro 5.2 – Sequência didática para eletromagnetismo

Etapas da sequência didática	Número de aulas	Atividades
Etapa das atividades	4	Módulo 1: 2 aulas Apresentação do tema Produção inicial: Aplicação das questões norteadoras (Problematização inicial) Tema: Campo Magnético • Imãs e suas características • Campo magnético • Linhas de campo magnético • Campo magnético terrestre
		Módulo 2: 2 aulas Tema: Introdução ao eletromagnetismo • Atividade experimental investigativa sobre eletromagnetismo • Características do campo magnético gerado por corrente elétrica Produção final: Produção de uma história em quadrinho

Fonte: Pires, 2016, p. 32.

Percebemos pelo quadro como a sequência didática foi elaborada de uma forma consistente e com uma boa distribuição dos conteúdos. Foram divididas em duas atividades cada uma delas com um módulo de ensino, o conteúdo se encontra distribuído de forma bastante homogênea, facilitando a assimilação dos conteúdos por parte dos estudantes.

Os dois módulos foram produzidos utilizando como principal recurso didático a atividade experimental, assim, procurou-se dar uma abordagem investigativa para essas atividades.

Estudo de caso

O presente caso aborda a situação de aprendizagem de uma estudante e problemas que envolvem a interpretação dos conceitos fundamentais de Física básica via experimentação. O objetivo é que o estudante compreenda um determinado fenômeno associado à sua vida diária por meio de um experimento simples que pode ser realizado em casa.

Aline tem 14 anos e cursa a 1ª série do ensino médio em uma escola da rede pública. Gosta das disciplinas da área de ciências exatas e adora os experimentos e as aulas de laboratório.

Em uma aula no laboratório, o professor realiza uma simples prática sobre conservação da quantidade de movimento usando uma pequena colisão entre duas bolas de gude de mesma massa e que se movem com

a mesma velocidade em sentidos opostos (esse tipo de colisão é chamado de colisão perfeitamente elástica), ele também comenta sobre a importância que esse fenômeno tem quando observado em escala subatômica, o que acontece nos aceleradores de partículas.
Observada a colisão, o professor pede para que os alunos descrevam o que acontece com a quantidade de movimento depois da colisão, também pede que justifiquem o porquê de as duas bolas continuarem em movimento e que desconsiderem a ação de qualquer força externa. Aline ficou com pequenas dificuldades de descrever o que acontece com os corpos. Ajude Aline a descobrir o que ocorre após a colisão.

Solução:
Experimento bastante simples e que pode ser realizado em casa. A quantidade de movimento de um corpo é por definição dada por: $Q = mv$, se desprezamos a ação de forças externas, a quantidade de movimento se conserva, ou seja, $Q_A = Q_D$ onde Q_A é a quantidade de movimento das bolas de gude antes da colisão e Q_D é a quantidade de movimento depois da colisão. Em resposta à primeira pergunta, a quantidade de movimento se conserva.
Em relação ao movimento das bolas, uma vez que elas possuem a mesma massa e a mesma velocidade e se movem em sentidos opostos e além disso são desprezadas as forças externas, elas terão a mesma velocidade só que se moverão em sentidos contrários uma da outra.

Dica 1
O melhor livro para se obter uma visão clara e simples desse fenômeno pode ser o livro do Halliday & Resncik Volume 1 Mecânica, mais precisamente o Capítulo 9. Faça uma leitura das cinco primeiras seções desse capítulo e ajude Aline a compreender o que se passa com o corpo após sofrer uma colisão.

Dica 2
Uma visão mais profunda a respeito das colisões em uma escala de energia muito maior do que a do nosso cotidiano pode ser visto no filme *Anjos e demônios*, baseado no best-seller de Dan Brown que possui o mesmo nome. No filme ocorre uma colisão entre partículas subatômicas em um acelerador de partículas, como resultado desta colisão cria-se a chamada antimatéria.

Síntese

- Podemos considerar que a aprendizagem significativa é tida como cognitivista e tem como objetivo descrever como ocorre o aprendizado, ou seja, como a mente retém os conteúdos curriculares ministrados em sala de aula ou em outros ambientes.
- As atividades experimentais são as formas mais diretas e objetivas de que o aluno precisa para concluir melhor seu processo de aprendizagem.

- Os primeiros estudos a respeito das propriedades magnéticas dos materiais datam da Grécia Antiga, com as investigações sobre a magnetita, um mineral que possuía propriedades magnéticas.
- Considera-se o planeta Terra como um ímã natural, existe um aparelho chamado bússola que fornece a orientação por meio das propriedades magnéticas da Terra e sua orientação como os polos magnéticos.
- Uma proposta de sequência didática para o ensino de magnetismo é apresentada no final do capítulo como forma de ajudar compreender de qual forma acontece esse processo.

Ensino de física moderna

6

Conteúdos do capítulo:

- Introdução à relatividade.
- Transformações de Lorentz, simultaneidade.
- Radiação do corpo negro e efeito fotoelétrico.
- Sequência didática para o ensino de física moderna.

Após o estudo deste capítulo você será capaz de:

1. evidenciar metodologias que melhorem o ensino de física;
2. compreender uma sequência didática para a física moderna.

Diversas teorias foram desenvolvidas para tentar explicar como o ser humano adquire o conhecimento durante sua vida e como isso é capaz de influenciá-lo na fase adulta.

No entanto, existem correntes de pensamentos distintos no que diz respeito a alguns aspectos, estes sempre levam para uma conclusão que possui uma ideia em comum, ou seja, entende-se que existem processos de aprendizagem constituídos por etapas ou fases as quais permitem gradativamente a compreensão e interiorização daquilo que as pessoas mais velhas ou de mesma idade expõem, bem como aquilo que o mundo e seus fenômenos demonstram.

Neste capítulo, estamos interessados em investigar a prática de ensino de física moderna na forma de uma sequência didática para que tenhamos melhor compreensão da dimensão em que se configura a problemática dessa disciplina.

6.1 Aplicação do conceito de aprendizagem significativa ao ensino de física moderna

De maneira geral, consideramos a prática de ensino para os professores como sendo uma das maiores preocupações e de certa forma um desafio a ser superado, isto em todas as áreas do conhecimento no que diz respeito a sua execução, isso principalmente quando tratamos em particular, o ensino de física. O fato é que, sendo a Física uma ciência natural e fundamental e ainda cujos fenômenos se encontram inteiramente ligados à vivência cotidiana do aluno, faz-se necessária uma prática de ensino que seja mais focado em atividades de cunho experimental.

No entanto, tratar deste problema e fazer com que a prática de ensino experimental (ensino de Física) se torne cada vez mais evidente, nos leva a um problema ainda maior. Este problema se configura na grande discrepância entre a realidade que se tem na escola daquela realidade que é proposta para a melhoria do ensino, especialmente quando ratamos da esfera pública de maneira geral, pela carência de recursos físicos, infraestrutura. Exemplo: equipamento específicos para realização de experimentos, espaços e laboratórios específicos para tais práticas etc.

No meio desta "luta" entre a prática de ensino real e a prática de ensino ideal, existem perspectivas, ou melhor, teorias de ensino que ajudam a mitigar esta diferença e fazer com que se tenha um equilíbrio entre estas realidades e colaborar para maximizar o aprendizado dos estudantes, principalmente os estudantes de física. Uma das alternativas que podemos considerar como uma possível solução é a Teoria da Aprendizagem Significativa, uma teoria cognitivista que surge na década de 60 que foca em uma perspectiva que não é abordada na visão behaviorista, ou seja, ela foca justamente na forma como o ser conhece o mundo. Os cognitivistas também investigam os processos mentais do ser humano de forma científica, tais como a percepção, o processamento de informação e a compreensão (Pilatti, 2016).

O foco principal desta teoria no que diz respeito a prática de ensino, é na verdade buscar descrever como a mente dos estudantes se comporta quanto ao processo de aprendizagem, em outras palavras, como ela funciona quando os estudantes estão recebendo os conteúdos em sala de aula e ou, aulas de campo e ainda experimentais. Por este viés é possível traçar novos caminhos para que se tenha um processo de ensino/aprendizagem de forma plena e consistente. Neste âmbito, o aluno se torna o principal artífice de seu próprio aprendizado.

A principal característica desta teoria de aprendizagem é fazer com que o aluno tenha um conhecimento cada vez mais maior (com um novo significado), quando este possui conhecimento prévio sobre o tema em questão. De acordo com Moreira (1983), as novas ideias adquiridas devem ser apreendidas de forma significativa na proporção em que outras ideias já sejam adequadamente claras na estrutura cognitiva do indivíduo. Dessa forma, estas devem funcionar como "amarras" entre o que já existe e o novo que se adquiri. Com estas informações, fica evidente que a dinâmica neste processo é um dos pontos mais positivos, corroborando de forma bastante positiva para o processo de ensino.

Este fato pode ser justificado por Ausubel (2003) que afirma que o ser humano possui uma forma de armazenamento das informações que lhe são organizadas de forma gradual, respeitando uma certa sequência, como uma escada por exemplo, onde cada degrau só pode ser colocado com um degrau previamente fixo antes. Em suma, existe de certa forma uma integração entre estes conhecimentos proporcionando em uma melhor e maior visão dos temas abordados.

O fato é que, em suma, esta forma de aprendizagem ainda se encontra longe de ser colocada em prática nas escolas e até mesmo nas universidades de forma integral. O que se apresenta em evidência é que se chama de aprendizagem mecânica, aquele processo de aprendizagem puramente memorístico onde o aluno é um ser passivo que vai para a escola, escreve o que o professor coloca no quadro, sem nenhuma forma substancial de aprendizagem, apenas uma absorção literal. É válido destacar aqui que esta forma de aprendizagem é ideal para a realidade que temos para a forma de ingresso nas universidades, o ENEM.

O fato é que a implementação desta forma de aprendizagem não é um processo simples, é na verdade um processo complexo e que leva tempo. Não se pode esperar que um aluno que possui forma de aprendizagem puramente mecânica no início do processo de aprendizagem terá uma aprendizagem significativa no final, este fato pode até acontecer desde que se tenha uma gama de recursos que possam serem usados para a mudança deste, dentre estes recursos pode-se mencionar a própria disposição dos estudantes em aprender e a aquisição de novos equipamentos para a melhoria do ensino (Moreira, 1999).

Neste sentido, e trazendo esta óptica para o campo do ensino de física, a maneira pela qual teremos de aplicar de forma mais concisa esta teoria de aprendizagem, seria por meio das atividades experimentais, somente assim estaríamos munidos de um conhecimento que se fundamenta de forma gradual e sem perder aquela atividade em sala de aula, onde o aluno entende a teoria sobre determinado fenômeno e no laboratório estaria munido de sua completude, onde neste caso, ele estaria tendo a prática do que foi visto em sala de aula.

No entanto, como foi mencionado anteriormente, a realidade precária da maioria das escolas dificultam essa aplicação. Essa realidade é ainda mais problemática no ensino de física moderna, cujo escopo apresenta um rigor de procedimentos que impossibilitam a execução de experimentações da maioria de seus fenômenos; como exemplo, podemos citar a verificação das séries espectrais para o átomo de hidrogênio.

Sob esta afirmação, poderíamos concluir que não há "saída" para uma melhor forma de abordar o ensino de física, mais precisamente os temas tratados em Física Moderna, no entanto, podemos fazer uso dos chamados jogos didáticos, uma forma de atividade (de baixo custo) que nos fornece uma maior interação entre os alunos e de certa forma abrange os objetivos propostos pela teoria da aprendizagem significativa.

Jogos didáticos, assim como atividades experimentais, são métodos de tornar a aula mais dinâmica e atrativa, principalmente para aquelas disciplinas de ciências exatas, em especial a Física. A inclusão de jogos didáticos ainda possui a vantagem de ser um mecanismo relativamente de baixo custo, possibilitando melhor aplicação em sala de aula.

6.2 Introdução à física moderna

A partir de agora faremos um estudo a respeito dos principais temas que envolvem o estudo da Física moderna, desde já destacamos que esta parte da Física está fundamentada na teoria da relatividade de Einstein e na mecânica quântica. Vamos começar tratando da teoria da relatividade restrita, após, faremos uma análise a respeito da teoria quântica.

É fato que as teorias da relatividade de Einstein (Restrita e Geral) sejam talvez as mais bem-sucedidas teorias Físicas e aquelas que ganharam os holofotes (junto com a Mecânica Quântica) no último século, no entanto, poucos sabem que a ideia de relatividade surge do chamado princípio de relatividade, que mesmo tendo uma forte ligação com os princípios da relatividade einsteinianos, nos leva a uma pequena diferença quando se refere à velocidade dos corpos em relação a um referencial inercial.

O conceito de referencial inercial está fundamentado na primeira lei do movimento de Newton, que de maneira geral afirma que devem existir sistema de referências pelos quais os movimentos dos livres dos corpos, ou seja, aquele movimento livre ação de forças externas se efetua com uma velocidade constante a qual já repousava o primeiro princípio de relatividade, o chamado princípio de relatividade galileano. Esses sistemas podem também serem chamados de sistemas de Galileu.

Quando dois sistemas de referência estão se movendo um em relação ao outro com velocidade constante e sendo um deles inercial, o outro também será um referencial inercial. Nesse caso, devemos ter tanto referenciais inercias quanto queiramos, cada qual se deslocando um em relação ao outro com velocidade constante. O princípio de relatividade afirma que todas as leis da mecânica são as mesmas em todos os referenciais inerciais.

Esse princípio significa na verdade que as equações que descrevem as leis da mecânica são invariantes frente a transformações de coordenadas e do tempo todas as vezes que se passa de um referencial para outro, ou seja, quando uma equação que é descrita pelas coordenadas do espaço e do tempo tem a mesma forma qualquer que seja o referencial inercial escolhido (Landau; Lifchitz, 2004).

Vamos investigar o chamado princípio galileano, para tanto, tomemos como exemplo a segunda lei do movimento de Newton:

Equação 6.1

$$\vec{F}_R = m\frac{d\vec{v}}{dt}$$

onde $\frac{d\vec{v}}{dt} = \vec{a}$ é a aceleração do corpo. Sabemos que as leis de Newton só são válidas para os referenciais inercias, isso nos leva a considerar que essa lei possui a mesma forma em todos os referenciais inerciais, ou seja, são o chamamos de invariantes.

Nesse caso, concluímos que todos os referenciais inerciais são equivalentes, ou seja, não existe no Universo um referencial inercial privilegiado em relação ao qual podem ser feitas medidas absolutas de espaço e de tempo. Na Figura 6.1, temos dois referenciais inerciais S e S' em três situações.

Figura 6.1 – Dois referenciais inerciais tomados para a realização da análise das transformações de Galileu

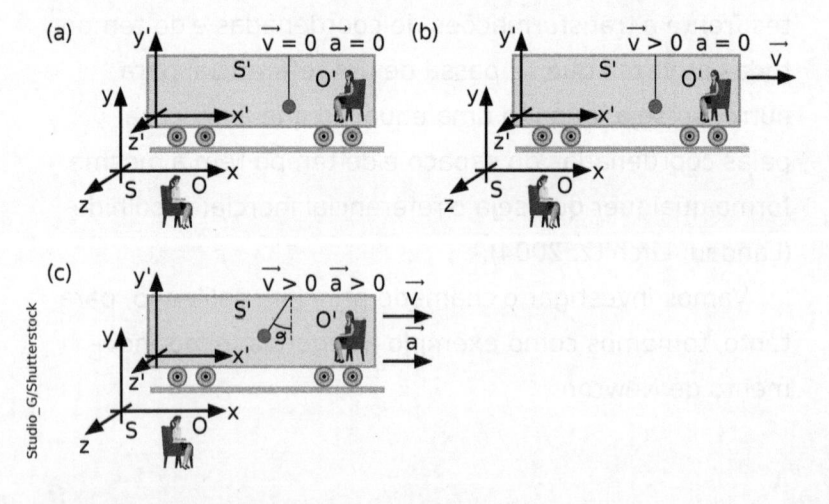

Fonte: Tipler; Llewellyn, 2017, p. 4.

Na figura temos um observador sentado em um vagão de trem com um objeto de massa m pendurado na sua frente, definimos o sistema de referência para o trem como S'. Nesse referencial o observador sentado encontra-se em repouso. Sobre o objeto que se encontra pendurado, existem apenas a força gravitacional e a força de tensão na corda.

A figura também nos mostra um referencial S, onde temos também um observador em repouso. Analisemos agora as três situações. Na situação (a) temos o referencial S' em repouso em relação ao referencial S, isso acontece sempre no instante t = 0 s, para os dois observadores o objeto de massa m se encontra na mesma posição, uma vez que não existe nenhum componente horizontal da força $F_x = 0$.

Na situação (b) o trem começa a se mover com velocidade constante, ou seja, $\vec{a} = 0$, nessa situação ainda não temos nenhuma força na direção horizontal agindo no objeto de massa m, assim os dois observadores nos dois referenciais verão a massa apenas na vertical, como na situação (a), porém, para o observador que se encontra em repouso no referencial S, esse objeto se afasta a uma velocidade v a uma distância d = vt.

Por fim, temos a situação (c), nessa situação temos agora o vagão se movendo com uma velocidade que aumenta com o passar do tempo, nesse caso dizemos que o trem se encontra acelerando em relação ao referencial S, assim, o observador que se encontra no referencial S observa que a corda que sustenta o objeto faz um ângulo θ com a vertical. Esse fato é devido à componente horizontal da força ser diferente de zero $F_x \neq 0$, uma vez que o trem se move na horizontal.

Queremos saber na verdade qual a relação entre as coordenadas do trem que se move, ou seja, as coordenadas do referencial S' em relação às coordenadas do homem que ficou em repouso no referencial S. Vamos definir as coordenadas do referencial S' como x', y', z' e as coordenadas do referencial S como x, y, z, assim a relação entre essas coordenadas são as chamadas *transformações de Galileu*, definidas como:

Equação 6.2

$$x' = x - vt \quad y' = y \quad z' = z \quad t' = t$$

Note nas transformações de Galileu que não ocorre mudanças nas coordenadas dos dois referenciais para as componentes y e z, uma vez que o movimento do trem se dá na componente x.

Perceba que se derivarmos a Equação 6.2 com relação ao tempo, teremos as componentes das velocidades para o trem que se move em relação ao referencial S.

Equação 6.3

$$v'_x = v_x - v, \quad v'_y = v_y, \quad v'_z = v_z$$

Podemos fazer a análise nesse caso para a segunda lei de Newton, uma vez que devemos ter a aceleração do trem em relação ao referencial S, assim poderemos verificar se a segunda lei de Newton é uma *invariante* frente às transformações de Galileu. Considere que em módulo, a força resultante que age em um corpo que se move em determinada trajetória é F = ma. Para determinarmos a aceleração do corpo precisamos derivar a Equação 6.3 em ralação ao tempo, percebemos que para todas as componentes teremos a mesma aceleração em ambos os referenciais, uma vez que para a componente x a velocidade v é constante, ou seja $\frac{dv}{dt} = 0$.

Assim, deveremos ter para as três componentes $a'_x = a_x$, $a'_y = a_y$ e $a'_z = a_z$, de maneira geral, como as três componentes definem o vetor aceleração podemos afirmar que a' = a, assim podemos mostrar que:

Equação 6.4

$$F = ma = ma' = F'$$

A Equação 6.4 fornece o princípio de relatividade, *a priori*, o princípio de relatividade galileano, ou seja, mostra que a segunda lei de Newton além de ser invariante frente às transformações de Galileu, é válida para todos os referenciais inerciais, ou seja, possui a mesma forma nesses referenciais.

Com o advento da teoria do campo eletromagnético proposto por Maxwell, surgira uma das mais surpreendentes conclusões a respeito dos campos elétrico e magnético, eles satisfazem equações de onda (as chamadas *ondas eletromagnéticas*) e como toda equação de onda, em seu escopo vem de forma explícita a sua velocidade, que nesse caso é definida como $c = \dfrac{1}{\mu_0 \varepsilon_0} = 3 \times 10^8$ m/s, onde μ_0 e ε_0 são a permeabilidade magnética e permissividade elétrica, respectivamente.

? O que é?

Um referencial é tido como um ponto material qualquer que pode ser usado como base para analisar os fenômenos físicos que ocorrem em outros corpos. Podemos considerar o mais importante dos referenciais aquele onde são válidas as leis de Newton, os chamados referenciais inerciais.

Um fato chamou ainda mais a atenção dos pesquisadores da época, a excelente concordância entre esse número e o valor experimental da velocidade da luz. Esse fato levou à conclusão de que luz pode ser interpretada na verdade como uma onda eletromagnética e que se propaga com uma velocidade dada por c. Porém, uma pergunta surgira. Se a luz é uma onda eletromagnética, qual seria o meio de propagação dessa onda? a reposta para essa pergunta foi de certo modo chocante para os pesquisadores da época, a luz não precisa de um meio para se propagar, ela possui a mesma velocidade até mesmo no vácuo!

O célebre experimento que determinou essa surpreendente propriedade foi o experimento de Michelson-Morley. Esse experimento teve como objetivo determinar por meio da propagação a da luz, o meio pelo qual a onda se propagava, este meio foi definido como o éter. O aparelho utilizado para a realização do experimento foi um interferômetro e ficou conhecido como o interferômetro de Michelson.

Com o resultado do experimento de Michelson-Morley e a comprovação da não existência do éter muitas discussões acerca das propriedades da luz foram abertas, dentre essas, as analisadas por Albert Einstein no ano de 1905 em seu célebre artigo "Sobre a Eletrodinâmica dos Corpos em Movimento". Nesse artigo ele propôs um princípio de relatividade mais geral do que o princípio da relatividade galileano, abrangendo não somente as leis da mecânica, mas todas as leis da Física. Esse princípio ficou conhecido como o princípio da relatividade restrita, o que vinha a ser chamado posteriormente de Teoria da Relatividade Restrita, a palavra restrita refere-se ao fato dele ser válido apenas para corpos que se movem com velocidade constante.

No ano de 1916, Einstein formula um princípio de relatividade ainda mais geral, dessa vez válido para corpos que estão sendo acelerados, ele traz uma relação entre sistemas de referenciais não inerciais e o campo gravitacional afirmando que localmente não existe diferença entre eles. Desse princípio surge o que vem a ser a mais bela teoria da Física, a chamada Teoria da Relatividade Geral, com esta teoria Einstein trouxe uma nova compreensão para o funcionamento do Universo.

A primeira consequência do princípio da relatividade restrita é que não se pode determinar de maneira alguma o movimento absoluto dos corpos. Nesse caso, concluímos que o experimento de Michelson-Morley nada mais é do que uma consequência direta desse princípio.

De maneira geral, a Teoria da Relatividade Restrita fundamenta-se em dois postulados fundamentais, conhecidos como os postulados de Einstein, são eles:

- Postulado 1: as leis da Física são as mesmas em todos os referenciais inerciais.
- Postulado 2: a velocidade da luz no vácuo possui a mesmo valor $c = 3 \times 10^8$ m/s, qualquer que seja movimento da fonte.

Vamos interpretar de maneira geral esses dois postulados. Se analisarmos, o primeiro postulado nada mais é do que uma extensão do princípio da relatividade galileano, onde agora está incluso todas as leis da Física não apenas as leis da mecânica. Como consequência, podemos afirmar que não existe nenhum referencial que seja privilegiado no Universo e como foi afirmado anteriormente, é impossível determinar o movimento absoluto dos corpos.

O segundo postulado nos traz uma propriedade comum de todas as ondas, que a velocidade das ondas não depende do movimento da fonte, um destaque que merece esse postulado é que coloca as ondas luminosas em uma categoria especial, uma vez que esta não precisa de um meio para se propagar propaga-se até no vácuo.

Para compreender melhor esse princípio, vamos compreender o conceito de evento. Um evento é qualquer coisa que acontece no Universo, deste um chute em uma bola dado por um jogador de futebol, até o fechar de uma porta. Como os eventos são descritos por observadores, associamos a cada evento um sistema de referência inercial.

Vamos considerar aqui que os observadores sejam uma série de relógios instalados em vários pontos de referencial inercial. Um fato curioso é que dos postulados da relatividade restrita temos alguns resultados que a priori perecem ser absurdos, no entanto, esses resultados supostamente absurdos podem ser explicados quando afirmamos que os postulados da relatividade restrita são compatíveis com a chamada *relatividade da simultaneidade*. Segundo esse princípio, dois eventos que são simultâneos em um referencial não são simultâneos em outro referencial inercial que esteja se movendo em relação ao primeiro com velocidade constante.

Nesse caso, tomando como observadores os relógios, cada qual fixo em um referencial inercial, podemos concluir que dois relógios estão sincronizados em um referencial inercial não estão sincronizados em outro referencial inercial que esteja se movendo com velocidade constante em relação ao primeiro. (Tipler; Llewellyn, 2017). Com essas afirmativas, podemos concluir que apenas ocorre simultaneidade quando um sinal luminoso é visto ao mesmo tempo por dois observadores situados em referenciais inerciais distintos. Caso um dele se mova em relação ao outro com velocidade constante, esse evento (observação do sinal luminoso) não é mais simultâneo.

Outra importante consequência dos postulados de Einstein é a relação entre um sistema de coordenadas em um referencial inercial que se move com velocidade constante s' e o um referencial que se encontra em repouso s de uma forma similar às transformações de Galileu expressas na Equação 6.2. Nessa situação, vamos considerar o caso simples em que a origem dos sistemas de coordenadas coincidem quando t' = t = 0.

As transformações clássicas (de Galileu) são válidas apenas para o caso de $v \ll c$. Podemos concluir que essas transformações não são compatíveis com os postulados de Einstein, uma vez que se a luz se propaga ao longo do eixo x com velocidade c no referencial S, a velocidade no referencial S' deveria ser v_x = c – v. Assim, podemos concluir com esse fato que as transformações de Galileu devem ser modificadas para que sejam compatíveis com os postulados de Einstein da relatividade restrita, de maneira que essas reproduzam o caso clássico quando $v \ll c$.

As transformações que nos levam a uma consistência com os postulados da relatividade restrita são as famosas transformações de Lorentz em homenagem a Hendrick a Lorentz. Considere os dois referenciais da Figura 6.2: o referencial S' se move em relação ao primeiro com velocidade constante v no sentido positivo do eixo x, vamos supor que as duas origens coincidam em t' = t = 0.

Figura 6.2 – Dois referenciais inerciaiv

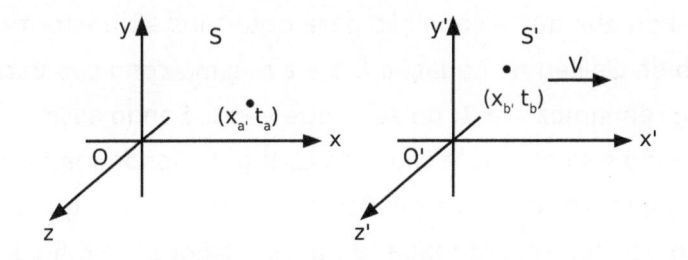

Fonte: Tipler; Llewellyn, 2017, p. 13.

O referencial S' se move como velocidade constante em relação ao referencial S.

As transformações que levam a relação entre as coordenadas entre os referenciais inerciais (transformações de Lorentz) são definidas como:

Equação 6.5

$$x' = \gamma(x - vt) \quad y' = y \quad z' = z \quad t' = \gamma\left(t - \frac{vx}{c^2}\right)$$

O fator γ é definido como o fator de Lorentz, perceba que se γ → 1 retornamos à transformação de Galileu para a coordenada x, poderíamos perguntar em relação à coordenada t? Para responder essa pergunta, devemos explicitar a definição do fator de Lorentz, ele é dado por:

Equação 6.6

$$\gamma = \frac{1}{\sqrt{1 - \frac{v^2}{c^2}}}$$

Perceba que a condição para obtermos a transformação de Galileu na Equação 6.5 é a mesma condição para que tenhamos γ → 1, ou seja, que v ≪ c. Sendo assim, quando isso ocorre, o segundo termo do denominador na Equação 6.6 tende a zero. Perceba também que, quando isso ocorre, a coordenada temporal da Equação 6.5 equivale à mesma componente temporal da Equação 6.2, o que mostra que a teoria está consistente.

Preste atenção!

Como vimos, as equações do eletromagnetismo não satisfazem as transformações de Galileu, neste caso foi necessário o desenvolvimento de uma nova transformação de coordenadas, conhecidas como transformações de Lorentz que permitissem que as leis fundamentais do eletromagnetismo fossem invariantes.

A partir de agora veremos os fundamentos da teoria quântica da matéria, tema de fundamental importância para a o entendimento de boa parte de toda aplicação tecnológica que temos nos dias de hoje.

Até o final do século XIX, mesmo com advento da teoria eletromagnética de Maxwell, alguns pesquisadores viviam um certo desconforto, a radiação térmica (mais precisamente o espectro das frequências da radiação térmica) emitida por certos corpos estava em desacordo quanto à experimentação e o aparato teórico que buscava explicá-la, quando certos corpos são aquecidos a uma temperatura T, a radiação emitida é dada pela radiação espectral $R(\lambda)$ onde λ é o comprimento de onda.

Consideremos um corpo ideal, aquele que absorve toda a radiação que incide sobre ele e emite radiação apenas em uma frequência específica, chamamos esse corpo ideal de **corpo negro** (Figura 6.3). No ano de 1878, Joseph Stefan, por meio de seus estudos, descobriu uma relação empírica para a potência irradiada por um corpo negro e a sua temperatura, dada pela relação:

Equação 6.7

$$R = \sigma T^4$$

Em que R é a potência por unidade de área T e a temperatura do corpo negro σ é um constante cujo valor é de $\sigma = 5{,}704 \times 10^{-8}$ W/m^{2}K^4, conhecida como *constante de Stefan*. A Equação 6.7 é comumente conhecida como a lei de Stefan-Boltzmann, pelo fato de que Ludwig Boltzmann obteve o mesmo resultado para a potência por unidade de área utilizando as leis da termodinâmica.

Figura 6.3 – Idealização para um corpo negro

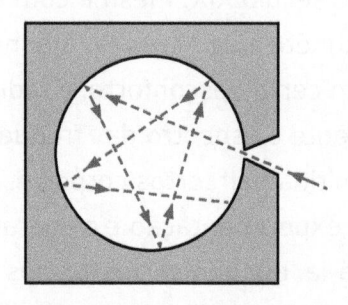

Fonte: Tipler; Llewellyn, 2017, p. 79.

Na Figura 6.3, vemos um corpo oco com uma pequena abertura por onde pode entrar radiação. A probabilidade de a radiação sair por essa abertura é muito pequena e pode ser desprezada, assim concluímos em uma boa aproximação que o corpo negro absorve toda a radiação incidente.

Um fato interessante que sempre ocorre na física é que os dados experimentais muitas vezes entram em conflito com a teoria e em alguns casos sequer existe uma teoria que descreva tal fenômeno, como o caso da expansão acelerada do Universo, onde as equações de Einstein, que são as responsáveis por descrever toda sua dinâmica falham. Foi isso que aconteceu com o problema da radiação do corpo negro que marca o surgimento da famosa e surpreendente mecânica quântica.

Exercício resolvido

Determine a potência irradiada por um corpo negro a uma temperatura de T = 4.000 K. Use o valor da constante de Stefan.

a) $1\,304{,}77\ \dfrac{W}{m^2}$.

b) $1\,451{,}62\ \dfrac{W}{m^2}$.

c) $1\,520{,}87\ \dfrac{W}{m^2}$.

d) $1\,602{,}54\ \dfrac{W}{m^2}$.

Gabarito: b

***Feedback* do exercício geral**: a solução desse problema se dá quando fazemos a substituição direta dos dados na Equação 6.7, assim ficamos com:

$$R = \sigma T^4 \rightarrow R = 5{,}6704 \times 10^{-8} \cdot (400)^2$$

$$1\,451{,}62\ \dfrac{W}{m^2}$$

Pela Equação 6.7, você pode perceber que a potência é uma função exclusiva da temperatura e não de outra propriedade do corpo, ou seja, não depende da cor ou de que tipo de material é feito o corpo, por exemplo. Por meio de observações foi possível mostrar que da mesma forma que a potência irradiada é uma função exclusiva da temperatura, a distribuição espectral ou radiação espectral também o é.

A Figura 6.4 ilustra um dispositivo que pode ser usado experimentalmente para determinar a radiança espectral. Nela, vemos a radiação emitida por um corpo a uma temperatura T, que passa por uma fenda, ao passar pela fenda ela é dispersada de acordo com o comprimento de onda. Vemos também um prisma que tem como objetivo mostrar a parte visível do espectro da radiação para outros espectros.

Figura 6.4 – Determinação da distribuição espectral

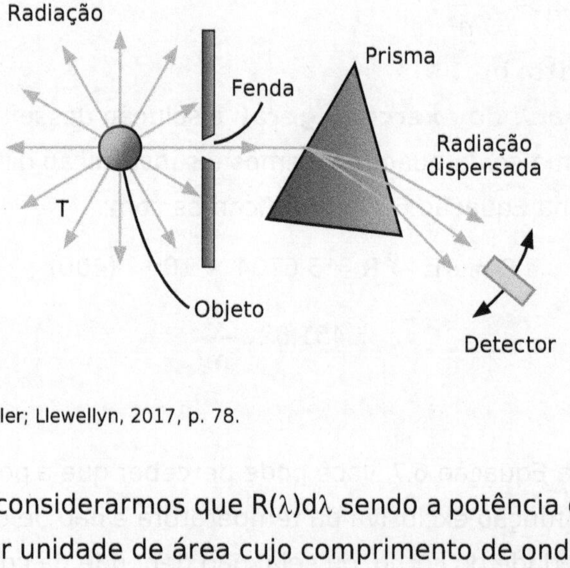

Fonte: Tipler; Llewellyn, 2017, p. 78.

Se considerarmos que $R(\lambda)d\lambda$ sendo a potência emitida por unidade de área cujo comprimento de onda varia entre λ e $\lambda + d\lambda$, podemos ter uma relação entre $R(\lambda)$ e o comprimento de onda λ. Um fato curioso dessa relação é que o comprimento de onda para o qual a radiação é máxima é uma função inversamente proporcional à temperatura, esse resultado ficou conhecido como a lei do deslocamento de Wien, dado por:

Equação 6.8

$$\lambda_m \propto \frac{1}{T}$$

ou ainda $\lambda_m T$ = constante = 2,898 × 10⁻³ m · K.

Até então a teoria que tentava explicar a emissão de radiação para o corpo negro estava baseada nos trabalhos de Lord Rayleigh, conhecida como lei de Rayleigh-Jeans. A radiança espectral é definida como

Equação 6.9

$$R(\lambda) = \frac{1}{4} cu(\lambda)$$

em que c é a velocidade da luz e $u(\lambda)$ é uma função definida como a densidade de energia espectral emitida de forma contínua.

Segundo a teoria de Boltzmann, a densidade de energia espectral era dada em função da temperatura T do corpo, da constante de Boltzmann k e do comprimento de onda λ, expressa de acordo com a seguinte relação:

Equação 6.10

$$u(\lambda) = 8k\pi T\lambda^{-4}$$

Essa equação estaria de acordo com os resultados experimentais para grandes comprimentos de onda, no entanto, para pequenos comprimentos de onda ela nos traz um resultado completamente divergente.

Ela nos mostra que a densidade de energia vai para o infinito quando temos pequenos comprimentos de onda, ou seja, $u(\lambda) \to \infty$ quando $\lambda \to 0$, ao passo que experimentalmente a densidade de energia tende a zero quando o comprimento tende a zero, isso realmente traz um grande desconforto para qualquer físico! Esse fato ficou conhecido como a catástrofe do ultravioleta.

Porém, esse problema foi resolvido. Em 1900, o alemão Max Planck propôs uma revolucionária hipótese que resolveu o problema da radiação do corpo negro, não só resolveu como revolucionou toda a Física atômica, ele propôs que contrário à teoria clássica de Rayleigh ele mostrou de maneira empírica que a densidade de energia espectral para o corpo negro diverge daquela proposta por Lord Rayleigh, esta é definida como

Equação 6.11

$$u(\lambda) = \frac{8\pi hc\lambda^{-5}}{e^{\frac{hc}{\lambda kT}} - 1}$$

Essa equação é a conhecida como a lei de Planck para a radiação do corpo negro, vale destacar que ela foi determinada empiricamente. Na Equação 6.11 a nova constante h é a conhecida constante de Planck. Com essa expressão, Planck resolveu o problema da radiação do corpo negro. O Gráfico 6.1 mostra densidade de energia pelo comprimento de onda e ainda um comparativo para as duas teorias, a de Rayleigh-Jeans e a de Planck.

Gráfico 6.1 – Comparação entre a lei de Planck e a de Rayleigh-Jeans

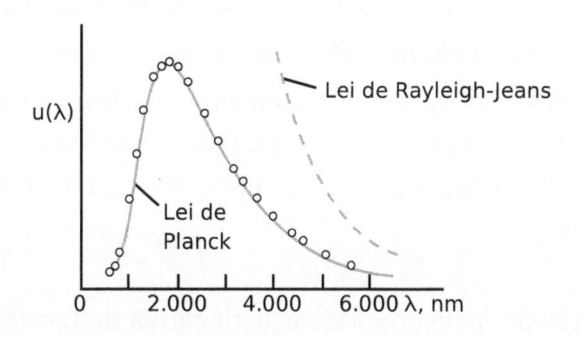

Fonte: Tipler; Llewellyn, 2017, p. 80.

No gráfico observamos as curvas para densidade de energia espectral pelo comprimento de onda, a curva com os círculos indica essa relação para a revolucionária lei de Planck, ao passo que a linha tracejada nos mostra o caso clássico da descrito pela lei de Rayleigh-Jeans, mostrando a famosa catástrofe do ultravioleta.

A hipótese de Planck foi revolucionária ao considerar que, em vez de a densidade de energia ser emitida de maneira contínua – como acontecia no caso clássico de Rayleigh-Jeans –, ela era emitida na forma de pacotes de onda, chamados de *quantum de energia*. Surgiu, assim, a mecânica quântica.

Para saber mais

A radiação do corpo negro pode ser observada por meio de simulação computacional, disponível no *link* a seguir:

PhET – Physics Education Technology. Espectro de corpo negro. Disponível em: <https://phet.colorado.edu/pt_BR/simulation/blackbody-spectrum>. Acesso em: 7 dez. 2021,

 Antes de investigarmos a justificativa de Einstein para o efeito fotoelétrico, faz-se necessário mencionar que curiosamente em 1887, Heinrich Hertz, demonstrando a validade da teoria de Maxwell para o eletromagnetismo, produziu uma descarga oscilante que fazia com que saltasse uma faísca entre dois eletrodos que geravam ondas. Essas ondas eram detectadas em uma antena ressonante onde ela, por sua vez, também detectava que essa onda era acompanhada de uma faísca entre os eletrodos.

 Ele conseguiu observar um fato bastante curioso durante a realização do experimento, percebeu que a chamada faísca de detecção era tão mais difícil de ser detectada quanto os eletrodos da antena receptora era, não estavam expostas à luz. Sem nenhuma pretensão do ponto de vista da estrutura da matéria Hertz, estava mostrando pela primeira vez o efeito fotoelétrico, o que podemos afirmar ser uma das primeiras evidências experimentais da quantização em paralelo com a quantização carga. A Figura 6.5 mostra como seria a estrutura do experimento utilizado para a detecção das ondas e das "faíscas".

Figura 6.5 – Experimento utilizado para a verificação do efeito fotoelétrico

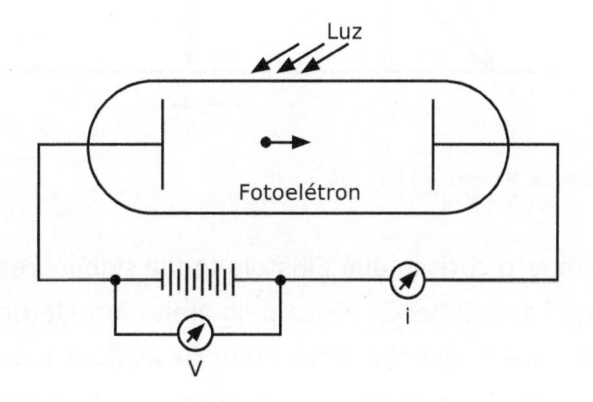

Fonte: Moysés, 2014, p. 250.

O experimento mostra os eletrodos dentro de um material tipo quartzo por exemplo, estabelece-se uma diferença de potencial V quando este é iluminado com luz de frequência V e intensidade I_0, com isto é medida a corrente elétrica i que é criada nesse processo. Podemos verificar os resultados desse experimento plotando o gráfico da variação da corrente i pela frequência.

Gráfico 6.2 – Frequência para o efeito fotoelétrico

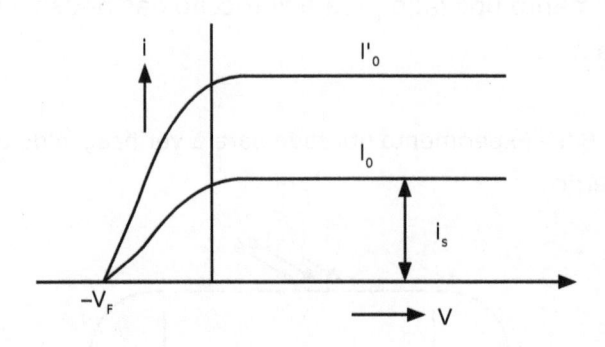

Fonte: Collares; Moysés, 2014, p. 250.

É um fato curioso que Einstein tenha sido laureado com o prêmio Nobel de Física pelo efeito fotoelétrico, uma vez que o reconhecemos mais pelas duas teorias da relatividade – a relatividade restrita e a relatividade geral.

Perguntas & respostas

Como vimos, existem duas quantidades de grande importância no efeito fotoelétrico, a frequência e a intensidade da luz incidente. Que quantidade determina o maior número de elétrons expelidos pelo material?

O que determina a quantidade de elétrons que são ejetados é frequência da luz, quanto maior mais elétrons serão expelidos.

Percebemos pelo gráfico um importante resultado. Observamos que para valores fixos de I_0 e ν e quando a diferença de potencial é positiva, todos os fotoelétrons arrancados pela luz são coletados pelo ânodo. Quando invertemos a polaridade com o sentido de frear os elétrons ao contrário de acelerados, percebemos que a corrente contínua passa pelo mesmo sentido, no entanto, pelo gráfico é possível observar que ela diminui à medida que a diferença de potencial aumenta. Também pelo gráfico é possível observar que ele se anula para um valor de potencial $V = V_F$, que é conhecido como potencial de freamento.

Quando aumentamos a intensidade da luz para I'_0, observamos que a forma da curva permanece inalterada, somente a intensidade da corrente aumenta, isso significa que o número de fotoelétrons aumenta à medida que aumenta a intensidade da luz. Um fato interessante ocorre quando variamos a frequência ν, percebemos que o aspecto da curva permanece o mesmo, no entanto, o potencial de fretamento muda à medida que a frequência ν aumenta. Podemos ver isso no Gráfico 6.3.

Gráfico 6.3 – Variação da corrente em função da frequência

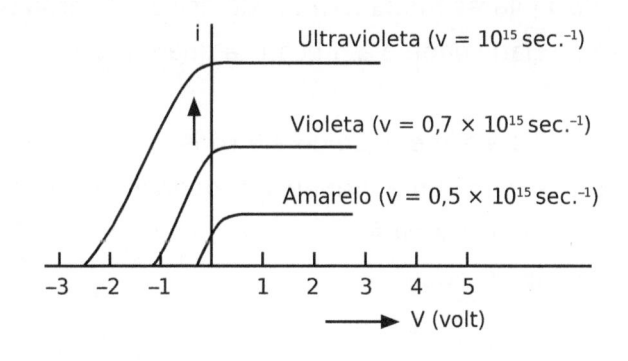

Ultravioleta ($\nu = 10^{15}$ sec.$^{-1}$)

Violeta ($\nu = 0{,}7 \times 10^{15}$ sec.$^{-1}$)

Amarelo ($\nu = 0{,}5 \times 10^{15}$ sec.$^{-1}$)

V (volt)

Fonte: Nussenzveig, 2014, p. 250.

No gráfico vemos alguns valores para a frequência de alguns espectros de luz. Podemos interpretar esses resultados com a seguinte afirmativa: a produção da fotocorrente pela luz deve produzir uma energia necessária para elétrons da vizinhança da superfície do material, uma vez que dos elétrons são extraídos a carga positiva que fica e tende a "puxá-lo" de volta, neste caso é preciso fornecer uma energia suficientemente grande para vencer essa força.

Exercício resolvido

Podemos afirmar que os dois temas centrais que englobam estudo da física moderna são:
a) Relatividade e mecânica quântica.
b) Eletromagnetismo e termodinâmica.
c) Óptica e mecânica dos fluidos.
d) Ondulatória e astronomia.

Gabarito: a
Feedback do exercício geral: Como foi discutido até aqui, os dois pilares fundamentais da física moderna são a teoria da relatividade e a mecânica quântica.

Para que haja a liberação de elétrons, o potencial de freamento deve ser uma grandeza proporcional à energia cinética a energia cinética média do elétron $T_e = \frac{1}{2}mv^2$, assim devemos ter que:

Equação 6.12

$$\frac{1}{2}mv^2 = eV_F$$

Se aplicarmos o princípio da conservação da energia, deveremos ter que essa energia cinética máxima deve ser igual à diferença da energia cinética fornecida pela luz, menos o trabalho necessário para extrair o elétron da superfície, em outras palavras, deveremos ter:

Equação 6.13

$$\frac{1}{2}mv^2 = eV_F = E - W$$

Devemos lembrar que W deve ser uma função exclusiva de cada material que denominamos de função trabalho.

Como vimos, a partir da revolucionária proposta de Planck para a radiação do corpo negro, trazendo à tona os primórdios da mecânica quântica com os chamados *quantum* de energia sua hipótese ganhou força. O pensamento audacioso de Einstein a respeito desse fenômeno se baseia no fato dele considerar que a radiação eletromagnética consiste na verdade de quanta de energia com frequência ν

Equação 6.14

$$E = h\nu$$

ou seja, para Einstein um *quantum* de luz transfere toda sua energia para um único elétron, neste caso, a Equação 6.13 pode ser reescrita como:

Equação 6.15

$$\frac{1}{2}mv^2 = eV_F = h\nu - W$$

Essa equação é chamada *equação do efeito fotoelétrico de Einstein*, por ele percebemos de forma direta o aumento de V_F com a frequência ν.

Exercício resolvido

Podemos considerar que a energia de um fóton descrita pela Equação 6.14 descreve na verdade o início de uma nova fase de interpretação para a Física no mundo microscópico. Considere um fóton de energia $e = 2,5 \times 10^{-30}$ J, neste caso, a frequência de vibração do fóton com essa energia é:
a) 2,657 MHz.
b) 3,256 MHz.
c) 3,773 MHz.
d) 4,243 MHz.

Gabarito: c
Feedback do exercício geral: a solução deste problema se da quando fazemos a substituição direta dos dados na Equação 6.14, assim ficamos com:

$$E = h\nu \rightarrow 2,5 \times 10^{-30} = 6,625 \times 10^{-34} \nu$$

Logo teremos que:

$$\nu = \frac{2{,}5}{6{,}625 \times 10^{-4}} \rightarrow \nu = 3{,}773\,\text{MHz}$$

Assim, temos a alternativa (C) correta.

Continuando com as propriedades corpusculares da matéria/radiação faz-se necessária uma explanação acerca das propriedades dos raios X, que se configura na verdade em uma grande descoberta para ciência e que de maneira geral trouxe grandes benefícios para a sociedade, principalmente com sua fantástica aplicação na medicina.

Foi o ano de 1895 que o alemão Wilhelm C. Roentgen descobriu os raios X quando trabalhava com tubos de raios catódicos, o que lhe rendeu o prêmio Nobel de 1900, curiosamente o mesmo ano em que Max Planck propôs sua hipótese para quanto de energia resolveria o problema da radiação do corpo negro. O nome raio X surge de uma propriedade observada por Roentgen, que esses raios não eram afetados pela presença de um campo magnético e além do fato de não ter observado os fenômenos de interferência de difração, ele a priori chamou dos "enigmáticos raios X".

6.3 Proposta de sequência didática

Aqui, será proposta uma sequência didática para o ensino de física moderna, que poderá ser aplicada para estudantes da terceira série do ensino médio. É válido destacar que a presente proposta tem como objetivo de desenvolver uma sequência didática pautada na atividade experimental por meio de uma abordagem investigativa.

Para o desenvolvimento da sequência pode ser utilizada uma pesquisa que poderá ser implementado o produto educacional de natureza qualitativa, uma vez que se busca interpretações para as relações do sujeito com o produto educacional, dos sujeitos com outros sujeitos e dos sujeitos com o conteúdo físico trabalhado. Assim, espera-se adquirir com esta proposta evidências sobre o comportamento de uma dada turma em relação ao uso da estratégia de ensino e dos reflexos da atividade sobre o interesse e assimilação do conteúdo em si.

Dessa forma, pode-se afirmar que a seguinte pesquisa qualitativa não é um conjunto de processos sujeitos intensamente à análise estatística para sua dedução, e sim da imersão do pesquisador na situação do estudo, bem como de sua perspectiva interpretativa dada às informações adquiridas no processo. A sequência possui o caráter de pesquisa exploratória, uma vez que se pode obter os dados para análise de forma empírica, durante a realização de grande parte das atividades propostas numa observação direta (Quivy; Campenhoudt, 1998).

O objetivo central desta sequência didática é o de tornar a aula mais dinâmica, modificando o processo tradicional de ensino, a fim de despertar no aluno a predisposição para aprender, sempre se utilizando de meios para relacionar o seu conhecimento prévio, da sala de aula ou do cotidiano, com os novos conceitos apresentados pelo professor, pode-se usar simulações computacionais no auxílio das atividades.

A sequência didática proposta no trabalho foi dividida em dois módulos com duas aulas cada uma, uma melhor forma de visualizar isso está no quadro a seguir.

Quadro 6.1 – Sequência didática para física moderna

Etapas da sequência didática	Número de aulas	Atividades
Etapa das atividades	4	Módulo 1: 2 aulas Apresentação do tema e problematização do problema Tema: Relatividade • Transformações de Galileu • Transformações de Lorentz • Postulados de Einstein • Simultaneidade
		Módulo 2: 2 aulas Tema: Introdução à Mecânica Quântica • Radiação eletromagnética • Lei de Stefan-Boltzmann • A hipótese de Planck • O efeito fotoelétrico

Percebemos pelo quadro como a sequência didática pode ser elaborada de uma forma consistente e com uma boa distribuição dos conteúdos. Pode-se dividir os temas em duas atividades cada uma delas com um módulo de ensino, o conteúdo se encontra distribuído de forma bastante homogênea, facilitando a assimilação dos conteúdos por parte dos estudantes.

Os dois módulos foram produzidos utilizando como principal recurso didático a atividade experimental, em busca de se fornecer uma abordagem investigativa para essas práticas. O uso de simulações computacionais é de grande importância nesse contexto, uma vez que o tema é de difícil aplicação em laboratório.

Síntese

- Podemos considerar que a aprendizagem significativa é tida como cognitivista e tem como objetivo descrever como ocorre o aprendizado, ou seja, como a mente retém os conteúdos curriculares ministrados em sala de aula ou em outros ambientes.
- Os dois pilares da física moderna são a mecânica quântica e a teoria da relatividade de Einstein, esta ainda é vista em dois aspectos, a teoria da relatividade restrita e a teoria da relatividade geral.
- A teoria da relatividade restrita está fundamentada nos chamados postulados de Einstein, essa teoria mudou drasticamente nossa concepção de espaço e de tempo.
- Os primórdios da mecânica quântica surgem no início do século XX mais precisamente com o trabalho de

Planck e sua fantástica hipótese para a explicação para radiação do corpo negro.

- Com o trabalho de Planck surge a ideia de que a energia pode ser quantizada, esta por sua vez traz o que podemos considerar a maior quebra de paradigma, rompendo drasticamente com as ideias que fundamentavam a Física clássica.
- Por base, principalmente no trabalho de Planck para a radiação do corpo negro, Einstein propõe o efeito fotoelétrico considerado como um grande resultado do ponto de vista da mecânica quântica, trazendo a comprovação da teoria corpuscular da matéria.

Estudo de caso

Matheus tem 14 anos e cursa a 1ª série do ensino médio em uma escola da rede pública no interior da Paraíba. Não é um aluno que gosta das disciplinas da área de ciências exatas, mas é curioso e gosta de observar os fenômenos da natureza.

O professor, munido dos conceitos abordados na teoria da aprendizagem significativa, sabe que a experimentação é a melhor maneira de fazer com que os estudantes tenham mais autonomia e melhorem o aprendizado. Por isso, leva os alunos sempre que possível ao laboratório didático de Física, mesmo que esse espaço não esteja abastecido com todos os equipamentos. Quando isso acontece, Matheus fica animado, pois geralmente compreende melhor o conteúdo na prática.

Uma vez no laboratório, em uma simples prática sobre conservação da energia, o professor abandona uma pequena esfera de aço do ponto mais alto. Observado o movimento (Figura A), o professor pede para que os alunos descrevam (1) o que acontece com a bola durante o movimento, (2) as forças que atuam nele e (3) as formas de energia em pontos específicos (P e Q) do *looping*.

Figura A – *Looping*

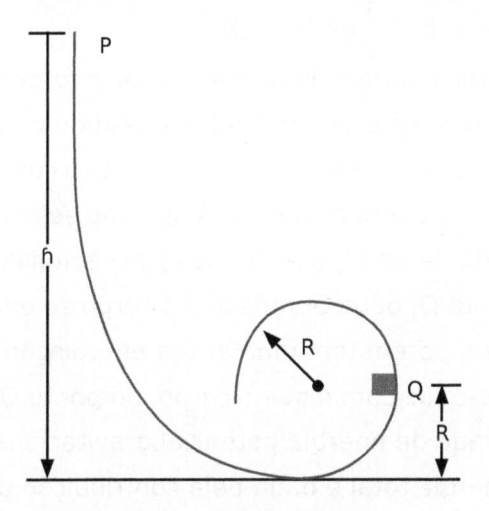

Fonte: Elaborado com base em Resnick; Halliday, 1983.

No ponto P, o objeto parte do repouso e despreza-se o atrito. Matheus, mesmo observando o movimento, teve dificuldade para responder o que o professor pediu. Ajude-o a resolver a atividade.

Solução

Essa prática é bastante simples do ponto de vista de execução, porém é muito rica em termos de conteúdo físico. Quando se move, um corpo é dotado de energia cinética $E_c = \frac{1}{2}mv^2$; caso esteja acima da superfície da Terra, o corpo também é dotado de energia potencial gravitacional $E_p = mgh$. A energia mecânica, ou seja, a energia total, é dada pela soma da energia cinética com a energia potencial $E_M = \frac{1}{2}mv^2 + mgh$.

Como foi desprezado o atrito, a única força que age sobre o corpo é a gravitacional. Analisando o movimento, podemos concluir que, no ponto P, como o corpo parte do repouso, a energia cinética é nula, ou seja, o corpo só está dotado de energia potencial gravitacional. Com relação ao ponto Q, percebemos que o corpo se encontra em movimento, porém tem uma altura em relação à base do *looping*. Isso faz com o que o corpo, no ponto Q, também esteja dotado de energia potencial gravitacional. Nesse caso, a energia total é dada pela contribuição das duas formas de energia, tanto a cinética quanto a potencial.

Dica 1

Leia os três primeiros tópicos do capítulo 8 da obra *Física*, de Resnick e Halliday, e ajude Matheus a compreender o que se passa com o corpo que se move no *looping*.

RESNICK, R.; HALLIDAY, D. Conservação da energia. In: RESNICK, R.; HALLIDAY, D. **Física**. 4. ed. Rio de Janeiro: LTC, 1983. v. 1. p. 139-168.

Dica 2

As simulações computacionais são uma das formas mais usadas para realizar um "experimento" sem que o aluno precise sair de casa. Para as disciplinas da área das ciências naturais, como a Física, esse processo se torna uma atividade muito interessante. Você pode realizar algumas simulações que envolvam a conservação da energia no *link* a seguir:

PHET – Physics Education Technology. Disponível em: <https://phet.colorado.edu/pt_BR/simulations/filter?subjects=work-energy-and-power&type=html&sort=alpha&view=grid>. Acesso em: 7 dez. 2021.

Dica 3

Outro livro que pode ajudar a responder à atividade de Matheus é o de Tipler e Mosca, *Volume 1: Mecânica, oscilações e termodinâmica*, mais precisamente o capítulo 7.

TIPLER, P. A.; MOSCA, G. Conservação da energia. In: TIPLER, P. A.; MOSCA, G. **Física para cientistas e engenheiros**. 6. ed. Rio de Janeiro: LTC, 2009. v. 1: Mecânica, oscilações e ondas, termodinâmica. p. 197-240.

Considerações finais

Buscamos, nesta obra, fornecer subsídios teóricos e práticos para a superação dos desafios enfrentados pelos educadores no Brasil – em especial os de Física, disciplina que, como vimos no Capítulo 1, é amplamente vista como complicada e ensinada de maneira dissociada do cotidiano do aluno. No decorrer dos capítulos, aliamos diversas indicações de leitura a conceitos e propostas didáticas, a fim de enriquecer o processo de construção do conhecimento.

Referências

ABREU, J. R. P. de. **Contexto atual do ensino médico**: metodologias tradicionais e ativas – necessidades pedagógicas dos professores e da estrutura das escolas. 172 f. Dissertação (Mestrado em Ciências da Saúde) – Universidade Federal do Rio Grande do Sul, Porto Alegre, 2009. Disponível em: <https://lume.ufrgs.br/bitstream/handle/10183/18510/000729487.pdf?sequence=1&isAllowed=y>. Acesso em: 3 dez. 2021.

ALMEIDA JUNIOR, J. B. de. A evolução do ensino de física no Brasil. **Revista Brasileira de Ensino de Física**, v. 1, n. 2, p. 45-58, 1979. Disponível em: <http://www.sbfisica.org.br/rbef/pdf/vol01a17.pdf>. Acesso em: 3 dez. 2021.

ALVES FILHO, J. P. **Atividades experimentais**: do método à prática construtivista. 448 f. Tese (Doutorado em Educação) – Universidade Federal de Santa Catarina, Florianópolis, 2000.

AMARAL, L. O. F.; SILVA, A. C. Trabalho prático: concepções de professores sobre as aulas experimentais nas disciplinas de química geral. **Cadernos de Avaliação**, v. 1, n. 3, p. 130-140, 2000.

ARANHA, M. L. de A. **História da educação e da pedagogia**: geral e Brasil. 3. ed. São Paulo: Moderna, 2009.

ARAUJO, I. S.; VEIT, E. A. Uma revisão da literatura sobre estudos relativos a tecnologias computacionais no ensino de física. **Revista Brasileira de Pesquisa em Educação em Ciências**, v. 4, n. 3, p. 5-18, set./dez. 2004. Disponível em: <https://periodicos.ufmg.br/index.php/rbpec/article/view/4069/2633>. Acesso em: 3 dez. 2021.

ARAÚJO, M. S. T. de; ABIB, M. L. V. dos S. Atividades experimentais no ensino de física: diferentes enfoques, diferentes finalidades. **Revista Brasileira de Ensino de Física**, v. 25, n. 2, p. 176-194, jun. 2003. Disponível em: <https://www.scielo.br/j/rbef/a/PLkjm3N5KjnXKgDsXw5Dy4R/?format=pdf&lang=pt>. Acesso em: 3 dez. 2021.

ARRUDA, S. de M.; LABURÚ, C. E. Considerações sobre a função do experimento no ensino de ciências. In: NARDI, R. (Org.). **Questões atuais no ensino de ciências**. São Paulo: Escrituras, 1998. (Educação para a Ciência, v. 2). p. 53-60.

AUSUBEL, D. P. **Aquisição e retenção de conhecimento**: uma perspectiva cognitivista. Lisboa: Plátano Edições Técnicas, 2003.

BARCELLOS, M.; KAWAMURA, M. R. D. Licenciatura em física: as novas tendências e a pesquisa em ensino. In: ENCONTRO NACIONAL DE PESQUISA EM EDUCAÇÃO EM CIÊNCIAS, 7., 2009, Florianópolis.

BAUMAN, Z. Os desafios da educação: aprender a caminhar sobre areias movediças. **Cadernos de Pesquisa**, v. 39, n. 137, p. 661-684, maio/ago. 2009. Entrevista. Disponível em: <https://www.scielo.br/j/cp/a/36mzFFtbtvXDhmsjtqDWcdG/?format=pdf&lang=pt>. Acesso em: 3 dez. 2021.

BERBEL, N. A. N. As metodologias ativas e a promoção da autonomia de estudantes. **Semina: Ciências Sociais e Humanas**, Londrina, v. 32, n. 1, p. 25-40, jan./jun. 2011.

BORGES, T. S.; ALENCAR, G. Metodologias ativas na promoção da formação crítica do estudante. **Cairu em Revista**, ano 3, n. 4, p. 119-143, jul./ago. 2014.

BRASIL. Lei n. 9.394, de 20 de dezembro de 1996. **Diário Oficial da União**, Poder Legislativo, Brasília, DF, 23 dez. 1996. Disponível em: <http://www.planalto.gov.br/ccivil_03/leis/l9394.htm>. Acesso em: 3 dez. 2021.

BRASIL. Ministério da Educação. Conselho Nacional de Educação. Parecer CNE/CES n. 1.304, de 6 de novembro de 2001. Relator: Francisco César de Sá Barreto. **Diário Oficial da União**, Brasília, DF, 7 dez. 2001. Disponível em: <http://portal.mec.gov.br/cne/arquivos/pdf/CES1304.pdf>. Acesso em: 7 dez. 2021.

BRASIL. Ministério da Educação. Conselho Nacional de Educação. Conselho Pleno. Resolução CNE/CP n. 2, de 20 de dezembro de 2019. **Diário Oficial da União**, Brasília, DF, 15 abr. 2020. Disponível em: <http://portal.mec.gov.br/docman/dezembro-2019-pdf/135951-rcp002-19/file>. Acesso em: 7 dez. 2021.

BRASIL. Secretaria de Educação Média e Tecnológica. **PCN+ Ensino Médio**: orientações educacionais complementares aos Parâmetros Curriculares Nacionais – Ciências da Natureza, Matemática e suas Tecnologias. Brasília, 2002. Disponível em: <http://portal.mec.gov.br/seb/arquivos/pdf/CienciasNatureza.pdf>. Acesso em: 3 dez. 2021.

CACHAPUZ, A. et al. (Org.). **A necessária renovação do ensino das ciências**. São Paulo: Cortez, 2005.

CAGNIN, A. L. **Os quadrinhos**. São Paulo: Ática, 1975. (Ensaios, v. 10).

CALAZANS, F. **História em quadrinhos na escola**. São Paulo: Paulus, 2004.

CANÁRIO, R.; MATOS, F.; TRINDADE, R. (Org.). **Escola da Ponte**: um outro caminho para a educação. São Paulo: Suplegraf, 2004.

CARVALHO, A. M. P. de. (Coord.). **Termodinâmica**: um ensino por investigação. São Paulo: USP, 1999.

CORAZZA, S. M. Diferença pura de um pós-currículo. In: LOPES, A. C.; MACEDO, E. (Org.). **Currículo**: debates contemporâneos. 3. ed. São Paulo: Cortez, 2010. (Série Cultura, Memória e Currículo, v. 2). p. 103-114.

DEWEY, J. **Vida e educação**. 10. ed. São Paulo: Melhoramentos, 1978.

DIESEL, A.; BALDEZ, A. L. S.; MARTINS, S. N. Os princípios das metodologias ativas de ensino: uma abordagem teórica. **Revista Thema**, v. 14, n. 1, p. 268-288, 2017. Disponível em: <https://edisciplinas.usp.br/pluginfile.php/4650060/mod_resource/content/1/404-1658-1-PB%20%281%29.pdf>. Acesso em: 3 dez. 2021.

FERREIRA, N. C. **Proposta de laboratório para a escola brasileira**: um ensaio sobre a instrumentalização no ensino médio de física. Dissertação (Mestrado em Ensino de Ciências) – Instituto de Física e Faculdade e Educação, Universidade de São Paulo, 1978.

FREIRE, P. **Educação e mudança**. 12. ed. Rio de Janeiro: Paz e Terra, 1979.

FREIRE, P. **Pedagogia da autonomia**: saberes necessários à prática educativa. 51. ed. Rio de Janeiro: Paz e Terra, 2015.

GARDELLI, D. **Concepções de interação física**: subsídios para uma abordagem histórica do assunto. Dissertação (Instituto de Física da USP) – Universidade de São Paulo, 2004.

GASPAR, A. **Atividades experimentais no ensino de física**: uma nova visão na teoria de Vigotski/Alberto Gaspar. São Paulo: Livraria da Física, 2014.

GASPAR, A. **Experiências de ciências para o 1º grau**. 6. ed. São Paulo: Ática, 1998.

GOUVEIA, M. S. F. **Cursos de ciências para professores de 1º grau**: elementos para uma política de formação continuada. 283 f. Tese (Doutorado em Educação) – Universidade Estadual de Campinas, 1992.

HALLIDAY, D.; RESNICK, R.; WALKER, J. **Fundamentos de física**: eletromagnetismo. 9. ed. Rio de Janeiro: LTC, 2012.

HARTMANN, A. M.; ZIMMERMANN, E. O trabalho interdisciplinar no ensino médio: a reaproximação das "Duas Culturas". **Revista Brasileira de Pesquisa em Educação em Ciências**, Florianópolis, ano 4, v. 7, n. 2, 2007.

HUIZINGA, J. **Homo ludens**: o jogo como elemento da cultura. 2. ed. Tradução de João Paulo Monteiro. São Paulo: Perspectiva, 1990.

JÓFILI, Z. Piaget, Vygotsky, Freire e a construção do conhecimento na escola. **Educação: Teorias e Práticas**, v. 2, n. 2, p. 191-208, dez. 2002.

KAWAMURA, M. R. D.; HOSOUME, Y. A contribuição da Física para um novo ensino médio. **Física na Escola**, v. 4, n. 2, p. 22-27, out. 2003.

KISHIMOTO, T. M. **O jogo e a educação infantil**. São Paulo: Cengage Learning, 2015.

LANDAU, E.; LIFCHITZ, L. **Curso de física**: teoria do campo. São Paulo: Hemus, 2004.

LEÃO, D. M. M. Paradigmas contemporâneos de educação: escola tradicional e escola construtivista. **Cadernos de Pesquisa**, n. 107, p. 187-206, jul. 1999. Disponível em: <https://www.scielo.br/j/cp/a/PwJJHWcxknGGMghXdGRXZbB/?format=pdf&lang=pt>. Acesso em: 7 dez. 2021.

LOBATO, A. C. Contextualização: um conceito em debate. **Educação Pública**, 6 maio 2008. Disponível em: <https://educacaopublica.cecierj.edu.br/artigos/8/16/contextualizaccedilatildeo-um-conceito-em-debate>. Acesso em: 3 dez. 2021.

LUCKESI, C. **Avaliação da aprendizagem escolar estudos e proposições**. São Paulo: Cortez, 1997.

MARTINS, J. B. **A história do átomo**: de Demócrito aos quarks. Rio de Janeiro: Ciência Moderna, 2001.

MARTINS, R. A. Oersted e a descoberta do eletromagnetismo. **Cadernos de História e Filosofia da Ciência**, v. 10, 89-114, 1986.

MASETTO, M. T. **Didática**: a aula como centro. São Paulo: FTD, 1997.

MORÁN, J. Mudando a educação com metodologias ativas. In: SOUZA, C. A. de; MORALES, O. E. T. (Org.). **Convergências midiáticas, educação e cidadania**: aproximações jovens. Ponta Grossa: UEPG/PROEX, 2015. (Coleção Mídias Contemporâneas, v. 2). E-book. p. 15-33. Disponível em: <http://www2.eca.usp.br/moran/wp-content/uploads/2013/12/mudando_moran.pdf>. Acesso em: 3 dez. 2021.

MOREIRA, M. A. **Comportamentalismo, construtivismo e humanismo**. 2. ed. rev. Porto Alegre: [s.n.], 2016. (Subsídios Teóricos para o Professor Pesquisador em Ensino de Ciências). Disponível em: <http://moreira.if.ufrgs.br/Subsidios5.pdf>. Acesso em: 3 dez. 2021.

MOREIRA, M. A. **O que é afinal aprendizagem significativa?** 2012. Disponível em: <http://moreira.if.ufrgs.br/oqueeafinal.pdf>. Acesso em: 3 dez. 2021.

MOREIRA, M. A. **Teorias de aprendizagem**. São Paulo: EPU, 1999.

MOREIRA, M. A. **Teorias de aprendizagem**. 2. ed. São Paulo: EPU, 2011.

MOREIRA, M. A. **Uma abordagem cognitivista ao ensino da Física**: a teoria de aprendizagem de David Ausubel como sistema de referência para a organização do ensino de ciências. Porto Alegre: Ed. da UFRGS, 1983.

MOREIRA, M. A.; MASINI, E. F. S. **Aprendizagem significativa**: a teoria de David Ausubel. São Paulo: Centauro, 2001.

NOVO, B. N. A realidade do sistema educacional brasileiro. **Jus**, maio 2018. Disponível em: <https://jus.com.br/artigos/65928/a-realidade-do-sistema-educacional-brasileiro>. Acesso em: 3 dez. 2021.

NUSSENZVEIG, H. M. **Curso de física básica 3**: eletromagnetismo. 2. ed. São Paulo: Blucher, 2015.

NUSSENZVEIG, H. M. **Curso de física básica 4**: ótica, relatividade e física quântica. 2. ed. Volume 4. São Paulo: Blucher, 2014.

OLIVEIRA, L. A. **Coisas que todo professor de português precisa saber**: a teoria na prática. São Paulo: Parábola Editorial, 2010.

PACHECO, D. A experimentação no ensino de ciências. **Ciência & Ensino**, 2 jun. 1997.

PACHECO, J. **Quando eu for grande quero ir à primavera e outras histórias**. São Paulo: Suplegraf, 2003.

PALMA FILHO, J. C. **Política educacional brasileira**. São Paulo: Cte, 2005.

PENA, F. L. A; RIBEIRO FILHO, A. Relação entre a pesquisa em ensino de física e a prática docente: dificuldades assinaladas pela literatura nacional da área. **Caderno Brasileiro de Ensino de Física**, v. 25, n. 3, p. 424-438, 2008. Diponível em: <https://periodicos.ufsc.br/index.php/fisica/article/view/2175-7941.2008v25n3p424/8456> Acesso em: 15 dez. 2021.

PENTEADO, P. C. M.; TORRES, C. M. A. **Física**: ciência e tecnologia. São Paulo: Moderna, 2005. v. 3.

PERRENOUD, P. **A prática reflexiva no ofício de professor**: profissionalização e razão pedagógica. Porto Alegre: Artmed, 2002.

PIAGET, J. **A tomada da consciência**. Tradução de Edson Braga de Souza. São Paulo: Melhoramentos, 1978.

PIETROCOLA, M. (Org.). **Ensino de física**: conteúdo, metodologia e epistemologia numa concepção integradora. 2. ed. Florianópolis: EdUFSC, 2005.

PILATTI, S. M. **Uma proposta de sequência didática para o ensino de eletrostática**. 190f. Dissertação (Mestrado Profissional em Ensino de Física) – Universidade Tecnológica Federal do Paraná, Campo Mourão, 2016. Disponível em: <https://repositorio.utfpr.edu.br/jspui/bitstream/1/2687/1/sequenciadidaticaensinoeletrostatica.pdf>. Acesso em: 3 dez. 2021.

QUIVY, R.; CAMPENHOUDT, L. V. **Manual de investigação em ciências sociais**. Lisboa: Gradiva, 1998.

RESNICK, R.; HALLIDAY, D. **Física**. 4. ed. Rio de Janeiro: LTC, 1983. v. 1.

RICARDO, E. C. Implementação dos PCN em sala de aula: dificuldades e possibilidades. **Física na Escola**, v. 4, n. 1, p. 8-11, 2003. Disponível em: <http://www1.fisica.org.br/fne/phocadownload/Vol04-Num1/a044.pdf>. Acesso em: 3 dez. 2021.

ROCHA, J. F. et al. (Org.). **Origens e evolução das ideias da Física**. Salvador: EDUFBA, 2002.

RODRIGUES, M. **O desenvolvimento do pré-escolar e o jogo**. São Paulo: Ícone, 1992.

ROSA, C. T. W. da. **Laboratório didático de Física da Universidade de Passo Fundo**: concepções teórico--metodológicas. Dissertação (Mestrado em Educação) – Universidade de Passo Fundo, Passo Fundo, 2001.

SACRISTAN, J. G. Currículo e diversidade cultural. In: MOREIRA, A. F.; SILVA, T. T. (Org.). **Territórios contestados**: o currículo e os novos mapas políticos e culturais. Rio de Janeiro: Vozes, 1995. p. 82-113.

SANTOS, A. **Didática sob a ótica do pensamento complexo**. 2. ed. Porto Alegre: Sulina, 2010.

SCHÖN, D. A. Formar professores como profissionais reflexivos. In: NÓVOA, A. (Coord.). **Os professores e a sua formação**. 2. ed. Lisboa: Dom Quixote, 1995. p. 77-91.

SHIGUNOV NETO, A.; SILVA, A. C. da. Formação do professor de Física: análise do curso de licenciatura em Física do IFSP. **RIAEE: Revista Ibero-Americana de Estudos em Educação**, Araraquara, v. 13, n. 2, p. 871-884, abr./jun. 2018.

SILVA, C. C.; MARTINS, R. de A. A teoria das cores de Newton: um exemplo do uso da história da ciência em sala de aula. **Ciência & Educação**, Bauru, v. 9, n. 1, p. 53-65, 2003. Disponível em: <https://www.scielo.br/j/ciedu/a/fMnd6zxXqG8mhHrYq45SLhs/?format=pdf&lang=pt>. Acesso em: 3 dez. 2021.

SOMBRA JÚNIOR, J. M. **Novas abordagens para o ensino de física no ensino médio**: construção de projetos experimentais com materiais de baixo custo. 102 f. Dissertação (Mestrado em Ensino de Física) – Universidade Federal Rural do Semi-Árido, Mossoró, 2015.

SOUZA, C. da S.; IGLESIAS, A. G.; PAZIN-FILHO, A. Estratégias inovadoras para métodos de ensino tradicionais – aspectos gerais. **Medicina (Ribeirão Preto)**, v. 47, n. 3, p. 284-292, 2014. Disponível em: <https://www.revistas.usp.br/rmrp/article/view/86617/89547>. Acesso em: 3 dez. 2021.

SOUZA, F. C. G. de. **Sequência didática por meio da aprendizagem baseada em problemas no ensino de eletrodinâmica**. 187 f. Dissertação (Mestrado em Ensino de Física) – Universidade Federal do Pará, Belém, 2020. Disponível em: <http://www1.fisica.org.br/mnpef/sites/default/files/dissertacaoarquivo/polo-37-dissertacao-fabio.pdf>. Acesso em: 3 dez. 2021.

TARTUCE, G. L. B. P. A.; NUNES, M. M. R.; ALMEIDA, P. C. A. de. Alunos do ensino médio e atratividade da carreira docente no Brasil. **Cadernos de Pesquisa**, São Paulo, v. 40, n. 140, p. 445-477, maio/ago. 2010. Disponível em: <http://publicacoes.fcc.org.br/index.php/cp/article/view/172/185>. Acesso em: 3 dez. 2021.

TIPLER, P. A.; LLEWELLYN, R. A. **Física moderna**. 6. ed. Rio de Janeiro: LTC, 2017.

TRENTIN, M. A. S.; SILVA, M.; ROSA, C. T. W. da. Eletrodinâmica no ensino médio: uma sequência didática apoiada nas tecnologias e na experimentação. **REnCiMa**, v. 9, n. 5, 2018. Disponível em: <http://revistapos.cruzeirodosul.edu.br/index.php/rencima/article/view/1302>. Acesso em: 3 dez. 2021.

UFCG – Universidade Federal de Campina Grande. Conselho Universitário. Câmara Superior de Ensino. **Resolução n. 4/2017**. Aprova a estrutura curricular do Curso de Física, modalidade Licenciatura, do Centro de Ciências e Tecnologia, Campus de Campina Grande, contida no Projeto Pedagógico, e dá outras providências. Campina Grande, 31 maio 2017. Disponível em: <http://www.ufcg.edu.br/~costa/resolucoes/res_16042017.pdf>. Acesso em: 6 dez. 2021.

VYGOTSKY, L. S. **A formação social da mente**: o desenvolvimento dos processos psicológicos superiores. 6. ed. São Paulo: M. Fontes, 1999.

Bibliografia comentada

AUSUBEL, D. P. **Aquisição e retenção de conhecimento**: uma perspectiva cognitivista. Lisboa: Plátano Edições Técnicas, 2003.

Autor da teoria de aprendizagem significativa, David Ausubel aborda os princípios fundamentais para essa nova forma de se trabalhar o processo de ensino-aprendizagem – ideias que de certa forma podem ser consideradas revolucionárias e aplicadas a todas as áreas do conhecimento, em especial ao ensino de física, que, por sua própria natureza, necessita de interação entre os estudantes e aplicação experimental.

MOREIRA, M. A.; MASINI, E. F. S. **Aprendizagem significativa**: a teoria de David Ausubel. São Paulo: Centauro, 2001.

Livro que traz uma análise bastante abrangente das ideias de David Ausubel sobre a aprendizagem significativa, dando enfoque aos principais conceitos dessa teoria, bem como às dificuldades de sua aplicação prática. Destaca também a importância da experimentação para a melhor assimilação de conteúdos, considerando a realidade das escolas no Brasil.

NUSSENVEIG, H. M. **Curso de física básica 1**: mecânica. 5. ed. rev. e atual. São Paulo: Blucher, 2013.

Considerada uma das maiores obras nacionais de física básica, aborda os principais conceitos da área, que são aplicados nas mais variadas situações. Ideal tanto para os cursos de licenciatura quanto para os de bacharelado.

TIPLER, P. A.; LLEWELLYN, R. A. **Física moderna**. 6. ed. Rio de Janeiro: LTC, 2017.

Clássico usado em graduações e muito consultado até mesmo por estudantes de pós-graduação. Apresenta um conteúdo rico e acessível, em que são abordados os principais conceitos relacionados ao grande pilar da física contemporânea, a chamada física moderna, com explicações sobre a teoria da relatividade e os fundamentos da física quântica. A mecânica estatística e a física de partículas também são trabalhadas na obra.

PILATTI, S. M. **Uma proposta de sequência didática para o ensino de eletrostática**. 190 f. Dissertação (Mestrado Profissional em Ensino de Física) – Universidade Tecnológica Federal do Paraná, Campo Mourão, 2016. Disponível em: <https://repositorio.utfpr.edu.br/jspui/bitstream/1/2687/1/sequenciadidaticaensinoeletrostatica.pdf>. Acesso em: 3 dez. 2021.

Dissertação de mestrado muito bem desenvolvida sobre temas relacionados ao ensino de física. Pilatti traz os conceitos fundamentais da teoria da aprendizagem significativa e aborda dificuldades relacionadas à aplicação das atividades experimentais nas escolas, em especial as da rede pública. Em paralelo, trata também dos principais conceitos relacionados ao fenômeno de eletrostática e apresenta uma proposta de sequência didática que pode servir como modelo para qualquer tema da física.

Sobre o autor

Eugênio Bastos Maciel é bacharel (2011) e mestre (2013) em Física pela Universidade Federal de Campina Grande (UFCG) e doutor (2018) em Física pela Universidade Federal da Paraíba (UFPB). Entre outubro de 2017 e setembro de 2019, foi professor assistente 1 (substituto) na Unidade Acadêmica de Física (UAF) da UFCG. Atualmente, é professor substituto na Universidade Estadual da Paraíba (UEPB) e realiza pós-doutorado na UFCG, atuando nas seguintes áreas: mecânica quântica relativística em espaço curvo, gravitação, cosmologia e teoria quântica de campos.

Os papéis utilizados neste livro, certificados por instituições ambientais competentes, são recicláveis, provenientes de fontes renováveis e, portanto, um meio **respons**ável e natural de informação e conhecimento.

Impressão: Reproset
Fevereiro/2023